软计算原理与实现

李业丽　曾庆涛　编著

電子工業出版社
Publishing House of Electronics Industry
北京・BEIJING

内 容 简 介

本书阐述了数据挖掘、软计算技术的发展状况，重点介绍了其采用的技术和方法，同时对各种方法进行了比较，并以几种方法为例，介绍了它们的思想及其在数据挖掘中的应用。另外，本书还阐述了基于Agent技术的智能数据挖掘系统模型的总体结构，介绍了常用的知识表示方法；讨论了数据挖掘中的小波神经网络方法，概述了基于WWW的数据挖掘和文本挖掘，介绍了分类、聚类分析的常用算法，并且给出了部分算法的算法实现，可为数据挖掘领域的研究生及相关技术人员提供参考。

图书在版编目（CIP）数据

软计算原理与实现/李业丽，曾庆涛编著. —北京：电子工业出版社，2020.1

ISBN 978-7-121-36368-9

Ⅰ. ①软…　Ⅱ. ①李…　②曾…　Ⅲ. ①数据采集　Ⅳ. ①TP274

中国版本图书馆CIP数据核字（2019）第073028号

责任编辑：朱雨萌　　特约编辑：王　纲
印　　刷：北京虎彩文化传播有限公司
装　　订：北京虎彩文化传播有限公司
出版发行：电子工业出版社
　　　　　北京市海淀区万寿路173信箱　　邮编：100036
开　　本：720×1 000　1/16　印张：13.25　字数：252千字
版　　次：2020年1月第1版
印　　次：2023年1月第5次印刷
定　　价：68.00元

凡所购买电子工业出版社图书有缺损问题，请向购买书店调换。若书店售缺，请与本社发行部联系，联系及邮购电话：（010）88254888，88258888。

质量投诉请发邮件至zlts@phei.com.cn，盗版侵权举报请发邮件至dbqq@phei.com.cn。

本书咨询联系方式：（010）88254750。

前　言

近年来，软计算的理论已经取得了重大进展，其算法实现策略及实际应用也发展迅速，有着光明的前景。软计算的概念从十几年前开始形成，并且建立在 Zadeh 的早期软数据分析、模糊逻辑和智能系统工作之上。在构建智能系统时，除了需要硬件、软件和传感器技术，或许更重要的是拥有在概念和智能系统设计方面比传统 AI 核的基于谓词逻辑的方法更有效的计算工具。

软计算（Soft Computing，SC）就是在这种需求下方法论积集的结果。很大程度上，软计算技术的应用已成为评价高机器智商（Machine Intelligence Quotient，MIQ）产品和工业系统的基础。本书系统地介绍了软计算理论及其应用方法，包括知识发现、知识表示、神经网络、文本挖掘、聚类分析、分类算法等。本书从结构上对软计算方法进行了统一描述，并注重各方法之间的相互融合，重点讲述了这些软计算方法的实际应用，并给出了应用实例。

本书提供了严谨但易懂的阅读材料，可以作为本科生或研究生进行软计算学习的参考书，也可供有关学科的教师及工程技术人员参考。本书组织成教材形式，既可作为软计算的核心教材，也可作为神经网络、机器学习等课程的课外读物。本书在内容方面力求完善，以使非机器学习或没有计算机背景的读者易于掌握。这样其他领域的读者就可以很轻松地将软计算应用到自己的实际问题中。作者还尝试通过严谨的推导来提供清晰的学习路线，因此本书提供了算法理论的推导过程以加深读者对概念的理解。对详细的推导过程感兴趣的读者可以参考原始文献。本书在各章列出了参考文献的详细信息，便于读者深入学习和研究。

本书涵盖了丰富的软计算理论和实例，特别感谢所有参考文献作者对本书内容的贡献。此外，由衷感谢管欣鑫、周楚风、于林轩、边玉宁、孙彦雄、贺伟、吴杰等对本书撰写和程序调试所付出的辛勤劳动。由于作者水平有限，书中难免存在不足之处，敬请广大读者批评指正。

作　者

2019 年 4 月

目 录

第1章 绪论

1.1 数据挖掘概述

1.1.1 数据挖掘的发展状况

技术进步已经使得存储大量的数据不是问题，数据库存储的数据量呈指数级增长，随之而来的是按传统方法对众多的数据进行利用和管理已经达不到人们的要求。数据本身是对某个现象、事件、企业或部门的活动的记载，它们是有意义的，巨大的数据量使人工用传统的方法去发现数据中有价值的关系成为难事，而往往隐藏在数据中的本质性知识和关系，以及关于数据的整体特征的描述及对其发展趋势的预测，对于数据拥有者进行决策及获得利益非常重要或有参考价值，因此需要新的技术去解决信息超载带来的问题。这样就导致了数据库中的知识发现（Knowledge Discovery in Database，KDD）及数据挖掘工具的出现。KDD 是从大量数据中提取出可信的．新颖的、有效的并能被人理解的模式的高级处理过程。一般将 KDD 中进行知识学习的阶段称为数据挖掘（Data Mining）[1]。数据挖掘是从存储在传统数据库的数据中抽取先前没有被识别出的信息，数据挖掘也是使存储的大量没有被使用的数据变成有用信息的手段。

事实上，KDD 是一门交叉学科，它融合了数据库、机器学习、人工智能、模糊逻辑、统计学、知识工程、认知科学等学科的方法。在不同的研究群体中，对其给予了不同的名称，如在人工智能和机器学习界称为 KDD，在统计、数据库及管理界称为数据挖掘，还有其他一些说法，如信息抽取、信息发现、知识发现、信息收获、数据考古等。本书采用与文献[1]一致的说法，把 KDD 看成一个过程，数据挖掘是其中的一个阶段，在有些情况下，并不加以严格区别。

20 世纪 90 年代，人们对数据挖掘越来越关注。KDD 这个术语首先出现在 1989 年 8 月在美国底特律召开的第 11 届国际人工智能联合会议的专题讨论会上，1991 年、1993 年和 1994 年举行了 KDD 专题讨论会。随着参加会议人数的增多，从 1995 年开始，每年都要举办一次 KDD 国际会议。1997 年，KDD 拥有了自己的专业杂志 *Knowledge Discovery and Data Mining*。除研究外，也出现了相当数量的 KDD 产品和应用系统，如由 IBM Almaden 研究所的 R.Agrawal 等人研究开发的面向大型数据库的 Quest 系统，其中包括挖掘关联规则、分类规则、序列模式和相似序列等；由加拿大 Simon Fraser 大学的 J.Han 等人研究开发的 DBMiner 系统，是一个交互式多层次裁决系统，主要挖掘关联规则、分类规则、预测等；Angoss International 公司的 KnowledgeSEEKER 系统；SAS Institute 公司的 Enterprise Miner 系统等[2]。

数据挖掘已经有许多成功的案例[3]。贝尔大西洋公司（Bell Atlantic）通过对客户电话问题的收集，采用数据挖掘创建的一组规则取代专家系统，这些学习得到的规则可以减少公司做出错误决定，每年为公司节省 1000 多万美元，由于学习规则通过在实例上训练而得到，因此容易维护，并且可以适应不同的地区和开销的变化。美国万国宝通银行（American Express）通过机器学习产生的规则对贷款申请者进行预测，预测贷款者是否会拖欠贷款的准确率可达到 70%。英国石油公司（British Petroleum Corporation）通过使用机器学习创建了一组设定控制参数的规则，可以对从地下抽取出的原油和天然气的分离进行控制，专家需要一天多才能完成的任务，用机器学习的规则只需要 10 分钟。R.R.Donnelly（一家美国大型印刷公司）对凹版印刷滚筒上出现凹槽的情况，使用机器学习为控制过程参数（如油墨、温度等）创建规则，减少条带，学习得到的规则更适合具体的工厂，在某工厂中可以将条带出现的次数从 538 次降低到 26 次。新西兰奶牛场每年都需要决定哪些牛用于产奶、哪些牛送去屠宰，他们用机器学习来研究奶牛的血统、产奶史、健康状况、脾气等属性，然后做出决定。制药业采用序列相似性及药物机理，进行归纳逻辑规则的提取，以发现新药。医学界采用概率关系模型来进行流行病学的排查。天文学中采用机器学习开发的完全自动的天体分类系统，准确率可以达到 92%。美国政府进行的数据挖掘研究计划在人们日常生活中产生的大量信息（如购物、电话记录、出行等）中寻找恐怖活动的警告模式。

1.1.2 数据挖掘的概念

数据挖掘从字面意义上可以理解为从众多的数据中挖掘出有用的知识或信息。自从数据挖掘开始盛行，对于数据挖掘的定义就众说纷纭。有说这种说法词不达意的，建议把其改成“从数据中挖掘知识”，或改成“数据中的知识发现”[4]。我们认同把数据挖掘看成知识发现过程的一个特定的基本步骤，即人们面对大量数据的时候，从数据中抽取和挖掘新的模式。

Fayyad[1]给出的知识发现的定义：KDD 是从数据集中识别出有效的、新颖的、潜在有用的，以及最终可理解的模式的非平凡过程。文献[5]对此定义中的概念给出了解释，“数据集”是一组事实 F（如关系数据库中的记录）。“模式”是一个用语言 L 来表示的表达式 E，它可用来描述数据集 F 的某个子集 F_E。E 作为一个模式，要求它比对数据子集 F_E 的枚举要简单（所用的描述信息量要少）。“过程”在 KDD 中通常指多阶段的处理，涉及数据准备、模式搜索、知识评价及反复的修改求精；该过程要求是非平凡的，意思是要有一定程度的智能性、自动性（仅仅给出所有数据的总和不能算作一个发现过程）。“有效”是指发现的模式对于新的数据仍保持一定的可信度。“新颖”要求发现的模式是新的。“潜在有用”是指发现的知识将来有实际效用，如用于决策支持系统可提高经济效益。“最终可理解”要求发现的模式能被用户理解，目前主要是体现在简洁性上。“有效、新颖、潜在有用和最终可理解”综合在一起称为兴趣。

知识发现过程可以分为三个主要阶段：数据预处理、数据挖掘及数据挖掘结果评估和表示。知识发现过程如图 1.1 所示。

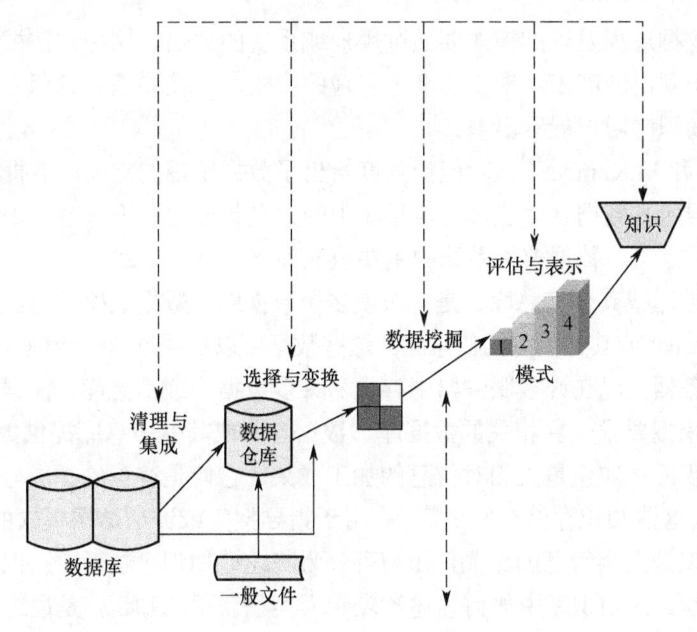

图 1.1 知识发现过程

1. 数据预处理

数据预处理可以分为以下几部分。

（1）数据清理：对数据中的噪声、缺值、重复、不一致等进行消除。

（2）数据集成：对多数据源的数据进行组合，比如可以放在数据仓库中。

（3）数据选择：根据需要从原始数据中提取与分析任务相关的一组数据。

（4）数据变换：将数据变换或统一成适合挖掘的形式，比如把连续数据转换为离散数据，便于符号运算。

目前较为流行的做法是在建立数据仓库时进行数据预处理，在数据仓库中主要进行降维工作，为数据挖掘做准备。

2. 数据挖掘

它是知识发现的基本步骤，即使用智能方法和技术提取有用的数据模式。在此过程中确定挖掘的任务并与用户或知识库进行交互，完成诸如数据总结、分类、聚类、关联规则或序列模式等的发现。在这个过程中智能方法或技术可以用各种算法实现，将找到的有意义、有趣的模式提供给客户，或者作为新知识存放到知识库中。在算法的选择上要考虑不同的数据类型及用户的要求，以及对发现模式的描述形式及知识的表示。

3. 数据挖掘结果评估和表示

数据挖掘过程发现的模式要通过用户或系统的评估，这种评估根据某种兴趣度量，识别出能够表示知识的真正有趣的模式。而在知识的表示方面，要把挖掘出的知识向用户展示出来。

J.Han 和 M.Kamber[4]从功能的角度给出了数据挖掘的定义：数据挖掘是从存放在数据库、数据仓库或其他信息库中的大量数据中发现有趣知识的过程。基于这样的定义，数据挖掘系统的主要组成如下（见图 1.2）。

- 数据库或其他信息库：是一个或多个数据库、数据仓库、电子数据表、Internet 或其他类型的信息库。这些数据可以是经过数据清理及集成的。
- 服务器：现在许多服务器中存放着许多数据库或信息库，根据用户的数据挖掘要求，由相关的数据库、数据仓库或其他信息库提供数据源。
- 知识库：知识是人们对信息的加工成果，它们是客观的，是与领域相关的。这些知识存储在知识库中，用于指导搜索或评估结果模式的兴趣度。知识是人类智慧的结晶，知识可分为陈述性知识、过程性知识和控制性知识。在知识库中如何描述和表示人类已获得的知识，是最终获得有用模式的基础[5]。

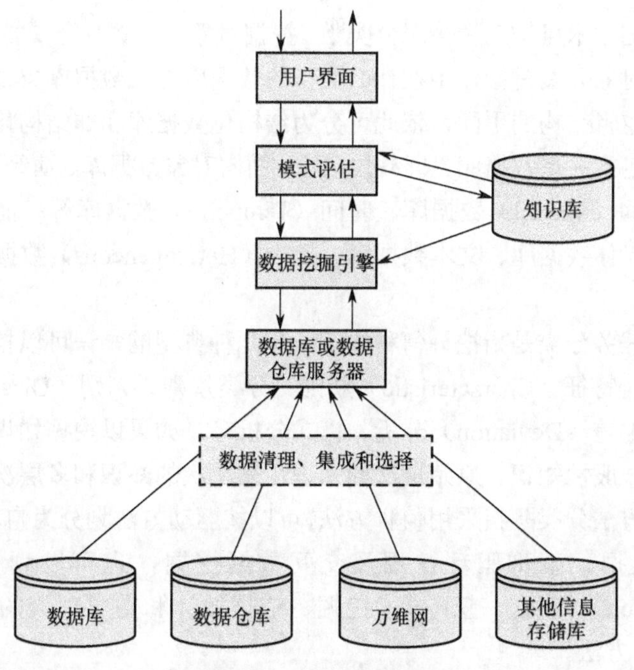

图 1.2　数据挖掘系统

- 数据挖掘引擎：由若干功能模块组成，对数据可以实施特征化、关联分析、分类、预测、聚类分析等数据挖掘的算法，得到相应的挖掘结果。
- 模式评估：使用相关的评估规则，依据用户的兴趣度度量，与数据挖掘的功能模块进行交互，使挖掘出的模式得到评估，评估模式的过程是一个模式演化的过程，在数据挖掘中引导有兴趣的模式出现。
- 用户界面：在用户和数据挖掘系统之间通信，实现用户与系统的交互，它既用于说明数据挖掘任务、提供信息、帮助挖掘过程的实现，也用于数据挖掘中间和最终结果的显示。

通过数据挖掘，可以从数据库或其他信息库提取有趣新颖的知识、规律或深层信息，并可以从不同角度观察或查阅它们。知识发现的结果可以用于决策、过程控制、信息管理和查询。

1.1.3　数据挖掘技术概述

把从数据中发现有用的知识比喻为挖掘，这种比喻是把数据库当作“矿石”，从中发现“金子”[3]。挖掘宝藏是需要手段的，从传统的锹挖到现代的钻探，随挖掘技术而定。数据挖掘也是如此。随着人们要求的不断提高及研究的实际问题的不同，形成了各种数据挖掘技术。

数据挖掘技术可按三种情况分类[6]：挖掘对象、挖掘任务、挖掘方法。

按挖掘对象分类是指作用在什么类型的数据库上，数据库类型的不同反映了数据库的逻辑结构的不同，依此可分为结构化数据库和非结构化数据库。结构化数据库包括关系数据库、事务数据库、面向对象数据库、演绎（Deductive）数据库、空间（Spatial）数据库、时间（Temporal）数据库等；而非结构化数据库包括多媒体数据库、文本数据库、异构（Heterogeneous）数据库、Internet信息库等。

按挖掘任务分类是指挖掘何种知识，有几种典型的知识可以挖掘出来，包括关联规则、特征（Characteristic）规则、分类规则、判别（Discriminant）规则、聚类、偏差（Deviation）分析、模式分析等。如果以挖掘知识的抽象层次划分，又有一般性知识、原始层次的知识、高层次的知识和多层次的知识等。

按挖掘方法分类是指采用何种方法，可以按驱动方法划分为自动知识挖掘、数据驱动挖掘、查询驱动挖掘及交互数据挖掘，也可以划分为一般化（Generalization）挖掘、基于模式挖掘、依据统计和数学理论的挖掘及综合（Integrated）方法。

数据挖掘技术大致包括：机器学习方法，包括关联规则发现、决策树、分类及分类树、遗传算法、归纳树等；统计方法，包括回归分析（多元分析、自回归、Bayesian 网络、分类和回归树、预测模型等）、判别分析（贝叶斯分析、非参数判别等）；模式识别方法，包括聚类分析（系统聚类、动态聚类等）、辨识树、K-近邻和最近邻、神经网络、顺序（Equential）模式发现、相似时序发现等；模糊逻辑方法；语义查询优化方法；可视化方法等[7]。下面简单介绍数据挖掘技术中目前研究的热点技术。

1. 遗传算法

J.H.Holland[8]提出的遗传算法（Genetic Algorithm，GA）在进化计算中是举足轻重的算法。GA 是一种基于适者生存的生物进化与遗传机理的随机搜索算法，是一种全局优化算法。遗传算法由以下 5 个基本要素构成：

① 参数编码；

② 初始群体设定；

③ 适应度函数设计；

④ 遗传操作设计；

⑤ 控制参数设定。

Holland 将染色体编码成二进制代码串，种群就由具有每一位二进制数表示的串组成。对每个串进行适应度函数运算，对适应度的评定即决定把合适的串保留下来进行遗传，分别做“杂交”和“变异”操作，在产生的新一代种群中注入一些随机因素以保持种群的多样性，直到种群达到适应度函数最大化为止。

遗传算法遵循的原则如下[3]：

① 进化发生在染色体中，即染色体因基因的重组而动态变化。

② 适者生存，即复制那些具有更高适应度的有机体的染色体，而这种复制是因适应度函数而定的，有它的相对性。

③ 种群具有多样性，变异可以使有机体保持多样性。

Holland提出的遗传算法思想：首先利用随机方式产生初始群体，群体中的每个个体称为染色体，对应着优化问题的一个可能解。染色体的最小组成元素就称为基因，对应可能解的某一特征，即设计变量。染色体的评价函数值反映可能解的优劣，按照优胜劣汰原则对染色体进行选择，相对“好”的个体得以繁殖，相对“差”的个体将死亡。群体性能通过选择、杂交、变异等过程得到改善，经过若干代繁衍进化就可使群体性能趋于最佳。

遗传算法基本步骤如下。

（1）建立一个待优化的问题：

$$F = f(x,y,z), \ F \in R \ , \ x,y,z \in D \tag{1.1.1}$$

式中 x, y, z 是自变量，可以是数值或逻辑变量，甚至可以是符号。每组 $(x, y, z) \in D$ 构成问题的一个可能解，所以 D 既可以看成 x, y, z 的定义域，也可看成问题的约束条件或所有满足约束条件的解空间. F 是属于实数域 R 的一个实数，也可看成对每一组可能解 $(x_i, y_i, z_i) \in D$ 的质量优劣的度量，函数 f 表示从解空间到实数域 R 的一个映射，唯一的要求就是给定一组解 $(x_i, y_i, z_i) \in D$ 都可以算出一个对应的 F。目标就是要找到 $(x_0, y_0, z_0) \in D$ 使 $F = f(x_0, y_0, z_0)$ 最大。

（2）编码：对每一个选定的自变量进行编码，常用一定比特数的二进制代码来代表一个自变量的各种取值，将各自变量的二进制代码连到一起即得到一个二进制代码串，该串就代表了优化问题的一个可能解。如自变量 x, y, z 的一组取值可用12比特的二进制代码表示为100010011010。

（3）产生祖先群体：计算机按随机方法在可能解中产生给定数量的二进制代码串来构成一个原始的祖先群体，其中的每个二进制代码串就代表这一群体中的一位祖先，对每位祖先（可能解）计算其相应的函数值 F_i。按 F_i 的大小来评价祖先的染色体的素质。GA算子的任务就是从这些祖先出发，模拟进化过程的优胜劣汰，逐次迭代，最后得出非常优秀的群体与个体，以达到优化的目的。

（4）选种与繁殖：选种与繁殖模拟生物进化的自然选择功能，从原始群体中随机取一对个体作为繁殖后代的双亲，选种的规则是适应度高的个体有更多的繁殖后代的机会，以使优良特征得以遗传和保留。

（5）杂交（也称交叉）：以概率 P_c 将祖先群体中随机选中的双亲进行杂交，最简单的杂交方法是随机选择一个截断点或两个截断点，将双亲的二进制代码串在截断点处切开，然后交换其尾部。

	双亲			后代
A	100010	011010	A′	100010001011
B	011011	001011	B′	011011011010

（6）变异：变异用来模拟生物在自然的遗传环境中，由于各种偶然因素引起的基因突变。其方法是以一定的概率 P，选取祖先群体中若干个体，随机选取某一位，将该位的数码翻转，即由 1 改为 0 或由 0 改为 1。变异增加了群体基因材料的多样性和自然选择的余地，有利的变异将由于自然选择的作用得以遗传和保留，而有害的变异则将在逐代遗传中被淘汰。

综上所述，通过选种、杂交和变异得到的新一代群体将替代上一代群体。一般新群体的平均素质比上一代群体要好。重复第 3～5 步，如此迭代下去，各代群体的优良基因成分逐渐积累，群体的平均适应度和最佳个体的适应度不断上升，直到迭代过程找到最优解。

遗传算法具有稳健性、自适应性，其在解决大空间、多峰值、非线性、全局优化等复杂度高的问题时具有很强的优势。因此，遗传算法在数据挖掘技术中逐渐显示出其重要的地位。遗传算法在数据挖掘中主要应用于数据回归和关联规则的获取。数据挖掘采用进化计算在给定的目标集中挖掘有趣的规则，在获得有趣规则的过程中采用遗传算法对属性间的相关性进行处理，在训练集中采用非线性多元回归[9]等方法。

2. 支持向量机

近几年对支持向量机（SVM）[3,10]的研究在数据挖掘领域非常活跃，它适用于大规模数据挖掘问题，目前在分类上使用较多。SVM 是基于统计学习方法的，属于有监督的学习算法，为学习机提供样本集及相应的类别标识。

SVM 构造了一个分隔两类的超平面，现在也可以扩展到多类问题上。在构造的过程中 SVM 算法试图使两类之间的间隔达到最大化，使其最小泛化误差与期望值最为接近。最小泛化误差是指当对新的样本数据进行分类时，超平面可以使其分类预测错误的概率最小化。这样的分类器可以达到类别分离边缘的最大化。数据集中落在边界平面上的点称为支持向量（Support Vector），支持向量机指支持向量算法。Vapnik[11,12]证明了如下结论：如果训练向量被一个最佳超平面准确无误地分隔，那么在测试样本上的期望误差率由支持向量的个数和训练样本的个数之比来界定。由于该比值和问题的维度无关，因此，如果可以找到一个较小的支持向量集，就可以保证得到很好的泛化能力。图 1.3 所示的具有训练误差的线性分类器，可以使误分类的个数最小化，即使被正确分类的样本间隔最大化。

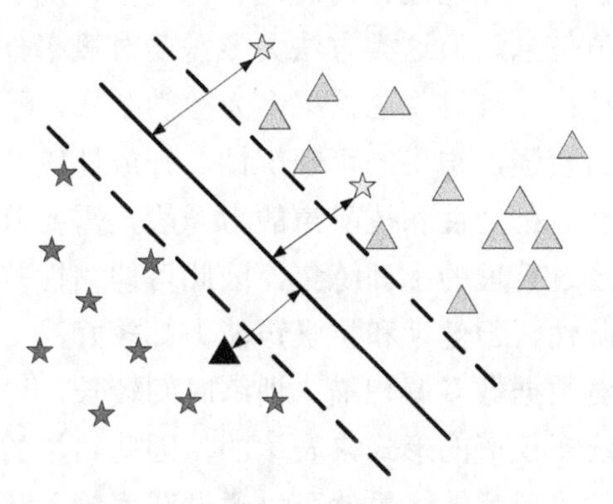

图 1.3　具有训练误差的线性分类器

1.1.4　数据挖掘方法比较

上节中已经讨论了大部分数据挖掘技术，这些技术实际上体现了不同领域、不同角度给出的实现方法[13]，大体可以分为从数学角度出发的数理统计方法、从仿生角度出发的神经网络法、从知识角度出发的机器学习方法、从处理不确定性角度出发的模糊逻辑及粗糙集方法等。文献[13]从以下几个方面对数据挖掘方法进行了比较。

- 描述模型的能力：此方法是否能够从数据中挖掘出复杂的模型。
- 可伸缩性：此方法对目标数据集合的大小的敏感度，即是否适用于大型数据库。
- 精确性：此方法对挖掘出的模型是否精确。
- 稳健性：此方法对非法输入、错误数据及环境因素的适应能力。
- 抗噪声能力：若目标数据中存在数据丢失、失真等情况，此方法是否能够自动恢复正确的值或仅仅将噪声过滤。
- 知识的可理解性：此方法发现的知识是否能够为人所理解，是否能够作为先验知识被再利用。

- 是否需要主观知识：此方法在挖掘过程中，是否依赖于外部专家的主观知识。
- 开放性：此方法是否能够结合领域知识来高效地发现知识。
- 适用的数据类型：此方法是否只适用于数值类型的数据或符号类型的数据，或者两者皆可。

依据上述几方面，可以得出，统计模式识别方法具有良好的理论基础，描述模型的能力较强，可伸缩性、精确性、稳健性、抗噪声能力和开放性都较好，比较适合数值信息。但这类方法大多需要对概率分布做主观假设，因此需要主观知识支持；并且发现的结果多为数学公式，不易理解。机器学习方法描述模型的能力较强，结果的可理解性、开放性较好，处理符号信息能力强。但它的精确性、稳健性和抗噪声能力一般，需要以算法的复杂度为代价，并且往往面向经过整理的小训练集，因此可伸缩性差。神经网络法的模型描述能力强，精确性、稳健性和抗噪声能力都较好，一般不需要主观知识的支持。但它需要对数据做多遍扫描，训练时间较长，可伸缩性差；由于知识是以网络结构和连接权值的形式来表达的，因此结果的可理解性和开放性都很差。对于知识的可理解性，虽然可以通过观察输入和输出来分析网络内部的知识，或者通过网络剪枝来简化网络的结构从而提取规则，但效果都不理想。粗糙集方法的伸缩性较强，稳健性和抗噪声能力也较强，知识的可理解性和开放性较好，比较适合符号信息。此外，粗糙集方法可以对数据进行预处理，去掉多余属性，可以提高挖掘效率，降低错误率，但其模型描述能力一般。面向数据库的方法适合大型数据库的知识挖掘，伸缩性强，精确性、抗噪声能力和稳健性较好，对一般数据和符号数据都适合，知识的开放性和可理解性都较强。但其依赖数据模型，只能发现比较简单的描述性知识，用它来发现复杂模型较难。

通过上述比较可以看出，各种方法有其不同的适应领域，在使用上要有所选择。

1.1.5 数据挖掘面临的问题

数据挖掘技术经过二十几年的发展已经渐趋成熟，但有些问题还没有解决或解决得不够理想。为获得一个有效的数据挖掘系统，还必须解决以下问题[2,6]。

（1）巨量数据与不同类型的数据。数据库的大型化和高维化一直是数据挖掘面临的主要问题，寻找缩减属性及缩小搜索空间的方法和降低线性计算复杂度及时间的有效算法始终是其研究的方向之一。不同的应用形成了各种不同类型的数据，一个强有力的知识发现系统应能处理结构化、半结构化和非结构化数据。然而，在一个系统中完美地实现上述目标还有相当大的困难，但通用的数据挖掘系统一直是人们追求的方向。

（2）挖掘结果的有用性、正确性判定。数据挖掘是面向应用的，数据源本身的不完全性直接影响挖掘结果的有用性和正确性，对噪声、缺值和异常数据的处理方法的研究是数据预处理阶段的主要任务。要系统地研究如何判定挖掘结果的质量，包括结果的可靠性、正确性、有用性。

（3）交互性与领域知识在知识发现过程中的作用。知识发现过程是一个反复进行的过程，在不同的抽象层上人的参与和领域知识的指导可以加速挖掘进程。系统应该允许用户交互地进行数据挖掘请求，动态地改变数据焦点，进一步深化数据挖掘进程，灵活地从不同的角度和抽象层观察数据和数据挖掘结果。交互性和背景知识或领域知识能使数据挖掘过程具有可控性。

（4）知识的表达和解释机制。不同种类的知识表示是不同的，必须知道如何对知识进行表达才能使数据挖掘得到的知识从不同的角度以不同的方式被用户接受，所以挖掘出的知识表示及结果的解释也是研究方向之一，而且结果的过滤也很重要。

（5）分布数据源的挖掘。局域网和广域网的遍布使数据源具有分布性和异构性，从不同的格式化或非格式化的具有各式各样语义的数据源中挖掘知识是对数据挖掘提出的又一个挑战，它能促进并行和分布数据挖掘算法的发展。而且，数据的动态变化常常会产生数据不一致问题，因而挖掘出的知识也面临着更新与维护。

（6）私有权保护和数据安全。因为对数据可以从不同的角度及不同的抽象层来观察，知识发现有可能导致对私有权的侵犯或威胁数据安全，所以研究采取哪些措施防止暴露敏感信息是很重要的。

（7）KDD 系统与其他决策支持系统的结合。当前的数据挖掘系统尚不能支持多平台，仅是面向某种特定应用的，有些是基于 PC 的，有些是面向大型主机的，有些是面向客户–服务器环境的，有的系统对数据库中记录的格式是有要求的，因此，数据挖掘系统与其他决策支持系统的有机结合是一个非常重要的问题。

1.2 数据挖掘中的软计算技术概述

上面已列出许多数据挖掘方法，有些是有效的，但有些并不令人满意。这是由于：

（1）大量积累的数据的自然不精确性；

（2）大量积累的多属性数据的内在复杂性[14]。

软计算可以为数据挖掘提供有效的技术。

1.2.1 软计算的发展状况

在物理、工程、技术应用、经济等领域中常常出现由多变量和多参数模型描述的物理系统，它们具有非线性耦合性。在处理这样的系统时，人们面临着高度的不确定性和不精确性。而软计算正是以放弃高精度而追求近优解或可行解为目的的。

Zadeh 把基于二元逻辑、精确（Crisp）系统、数值分析和精确软件的计算称为硬计算，以区别于基于模糊逻辑、神经网络、概率推理的软计算。前者具有准确性和绝对性，而后者具有逼近性和不精确性（Dispositionality）。在硬计算中不精确性和不确定性是不期望的性质，而在软计算中则不然。软计算是一个汇集不同方法的学科。其宗旨不同于传统的硬计算，它的目标是适应真实世界的普遍深入的不精确性。因此，软计算的指导原则是用容忍不精确性、不确定性和部分真实来获得易处理性、稳健性、低处理代价及与现实较好的融合。软计算把人脑作为其角色模型。

软计算主要包含模糊逻辑（FL）、神经元计算（NC）和概率推理（PR），近来还包括遗传算法（GA）、混沌理论、信任网络（Belief Networks）、粗糙集等。它们是相互补充而不是相互竞争的。这些独特且相关的方法目前得到广泛的注意，并且已经找到大量的实际应用领域，如工业过程控制、故障诊断、语音辨识和不确定状态下的计划安排等。从这个角度来看，模糊逻辑的主要贡献是其逼近推理的能力，是字符计算的一种方法；神经网络理论提供了系统辨识、学习和自适应的有效方法；概率推理提供了在复杂的推理网络中对于表示和传播可能性和可信度（Beliefs）进行计算的有效方法；而 GA 则是系统化的随机搜索和优化方法。软计算是不精确性、不确定性和部分真实方法论的聚合体，这些方法结合起来比单独使用的效果更好。由此得到的结果具有易处理性、稳健性及与现实相一致性，并且这些结果常常好于只用传统的（硬）计算方法得到的结果[14,15,16]。

软计算是混合的智能化计算方法，它不以精确解为目标。高精度对于实际应用有时是没有意义的，大部分情况下可牺牲精度来换取效率。

1.2.2　KDD 中的软计算技术简介

KDD 是抽取数据库中隐含的知识，把软计算应用到 KDD 中涉及接受不精确性，这种不精确性体现在数据、数据结构及挖掘出的信息中[14]。在许多方面，软计算表示对计算目标的有意义的模式转变，此转变反映了如下事实：人脑拥有非凡的存储和处理普遍深入的不精确、不确定和缺乏绝对性信息的能力。软计算为处理 KDD 中的不精确性和不确定性提供了有效的技术，其中各种方法的混合使用构成了 KDD 中独特的挖掘技术。下面仅简单介绍几种。

1．遗传算法

遗传算法是模拟达尔文生物进化论的自然选择和遗传学机理的生物进化过程的计算模型，是一种通过模拟自然进化过程搜索最优解的方法。遗传算法是从代表问题潜在解集的一个种群开始的，而一个种群则由经过基因编码的一定数目的个体组成。每个个体实际上是染色体带有特征的实体。染色体作为遗传物质的主要载体，其内部表现（基因型）是某种基因组合，它决定了个体的外部表现，如黑头发的特征是由染色体中控制这一特征的某种基因组合决定的。因此，一开始需要实现从表现型到基因型的映射，即编码工作。由于仿照基因编码的工作很复杂，我们往往对此进行简化，如二进制编码，初代种群产生之后，按照适者生存和优胜劣汰的原理，逐代演化出越来越好的近似解。在每一代，根据问题域中个体的适应度选择个体，并借助自然遗传学的遗传算子进行组合交叉和变异，产生出代表新的解集的种群。这个过程将导致后代种群比前代种群更加适应环境，末代种群中的最优个体经过解码，可以作为问题的近似最优解。该算法主要分为以下步骤。

（1）种群初始化。首先随机生成初始种群，一般该种群的数量为 100～500，采用二进制将一个染色体编码为基因型。随后用进制转化，将二进制的基因型转化成十进制的表现型。

（2）适应度计算。将目标函数值作为个体的适应度。

（3）选择操作。将适应度高的个体从当前种群中选出来，即以与适应度成正比的概率来确定各个个体遗传到下一代群体中的数量[17]。

2．支持向量机

支持向量机（Support Vector Machine，SVM）是一类按监督学习（Supervised Learning）方式对数据进行二元分类（Binary Classification）的广义线性分类器（Generalized Linear Classifier），其决策边界是对学习样本

求解的最大边距超平面。该算法在解决小样本、非线性及高维模式识别等问题时具有优势，并能够推广应用到函数拟合等其他机器学习问题中。支持向量机建立在统计学习理论和结构风险最小原理基础上，根据有限的样本信息在模型的复杂性和学习能力之间寻求最佳解，以期获得最好的推广能力。在机器学习中，支持向量机是监督学习模型，可以分析数据，识别模式，用于分类和回归分析[17]。

3. 模糊神经网络

将模糊逻辑与神经网络相结合，即把模糊逻辑中的不精确性引入神经网络中。M.Ayoubi 和 R.Isermann[18]提出了混合的神经元模糊网络，用于自适应规则提取，其结构如图 1.4 所示。此结构由三层网络组成，与三步模糊推理相对应：第一层为先行层（Antecedent Layer），完成输入的模糊化。这层的输出表示输入子集的模糊隶属度。第二层为关系层，它估计规则的成分，研究规则实现的等级。第三层为结论层，聚集规则库和计算反模糊值，进行精确输出。

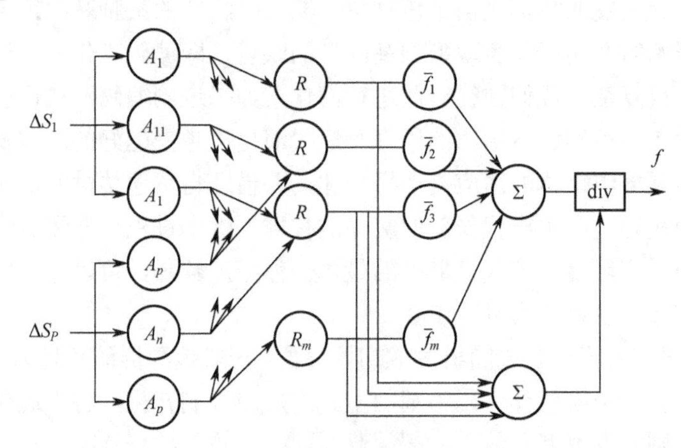

图 1.4　混合神经元模糊网络结构

此网络由给出的数据自动抽取 IF-THEN 规则，然后基于 Hebbian 学习规则来简化需要的规则。

文献[19]提出的模糊神经网络用于时间序列预测。时间序列的神经网络模型为

$$x_n = f_w(x_{n-1}, x_{n-2}, \cdots, x_{n-p}) + \varepsilon_n \tag{1.2.1}$$

其中，ε_n 是均值，f_w 是以权值矢量 $\boldsymbol{W}$ 为参数的函数。

模糊规则 R_j：如果 x_1 是 A_{1j}，…，x_N 是 A_{Nj}，则

$$y_j = b_{0j} + b_{1j}x_1 + \cdots + b_{Nj}x_N \tag{1.2.2}$$

$$y = \sum_{j=1}^{K} h_j y_j \bigg/ \sum_{j=1}^{K} h_j \tag{1.2.3}$$

其中：

$$h_j = \mu_{A_{1j}}(x_1) \wedge \cdots \wedge \mu_{A_{Nj}}(x_N) \tag{1.2.4}$$

$A_{ij}(i=1,2,\cdots,N; j=1,2,\cdots,K)$ 是模糊子集，K 是模糊规则个数。$\mu_{A_{ij}}$ 为隶属函数。上述模糊推理可以由组合神经网络输出为

$$y = \sum_{j=1}^{K}(g_j y_j) \tag{1.2.5}$$

其中，g_j 为门限神经网络的输出，计算式为

$$g_j = h_j \bigg/ \sum_{j=1}^{K} h_j \text{，} j=1, 2, \cdots, K \tag{1.2.6}$$

训练此网络采用动态模糊聚类来实现。

4．概率推理与演化算法的结合

Bayesian 信任网络（Bayesian Belief Networks，BBN）是概率推理中典型的方法，在实际应用中它对不确定性条件下的决策支持问题获得可能的解是有效的，能够表示和处理传统的方法不能实现的复杂模型，并且能基于部分或不确定的数据预测事件，如机械故障诊断、医疗诊断等。它的理论基础为概率论。在数据挖掘技术中采用 BBN 可以进行模糊信息回溯，取代传统的布尔逻辑。BBN 是一个表示变量间概率关系的图网，是具有关联概率表的图，如图 1.5 所示。BBN 由节点和有向弧组成，节点表示随机变量或不确定量，有向弧表示变量间的因果/相关关系，变量间的影响程度由前条件概率定量地表示。表 1.1 为节点概率表，表 1.2 为条件概率表[20,21]。

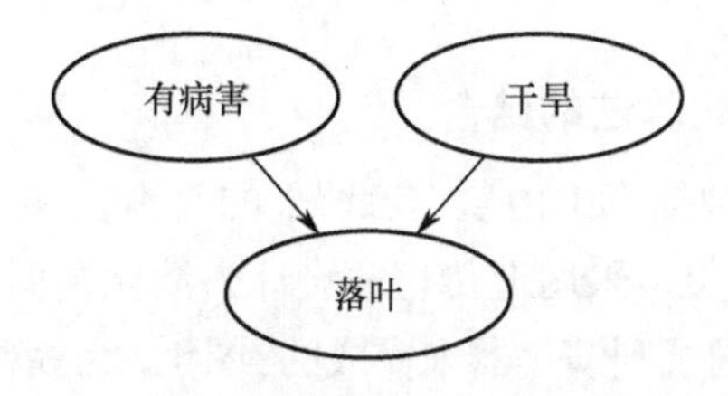

图 1.5　用于预测果树落叶原因的 BBN

表 1.1　节点概率表

有病害= “sick”	有病害= “not”	干旱= “dry”	干旱= “not”
0.1	0.9	0.1	0.9

表 1.2　条件概率表

	干旱=“dry”		干旱=“not”	
	有病害=“sick”	有病害=“not”	有病害=“sick”	有病害=“not”
落叶=“yes”	0.95	0.85	0.90	0.02
落叶=“no”	0.05	0.15	0.10	0.98

文献[22]把 GA 算法用于 BBN 来描述典型的诊断问题。$d_i(i=1,2,\cdots,6)$ 表示疾病名称，$s_j(j=1,2,\cdots,5)$ 表示症状，把所对应的 BBN 映射为线性结构：

$$\begin{matrix} d_1 & d_2 & d_3 & d_4 & d_5 & d_6 & s_1 & s_2 & s_3 & s_4 & s_5 \\ 0 & 1 & 1 & 0 & 0 & 0 & 1 & 0 & 0 & 0 & 0 \end{matrix}$$

上面的串表示的网络中 d_2、d_3 和 s_1 的状态存在，其他节点的状态不存在。与之相应的概率可以计算出来。随机地产生这样的网络的种群，然后对此种群把概率作为适值函数引导实施遗传操作，找到的最大概率状态超过随机概率取样获得的状态。

5. P-CLASSIC 概率描述逻辑法

P-CLASSIC 概率描述逻辑法[23]利用描述逻辑和 Bayesian 网络，给出了一个 P-CLASSIC 语义和有效的概率包容推理，它能够表示不确定性，其原理是把概率加到一阶逻辑中并用 Bayesian 网络作为表示工具。图 1.6 为自然界事物的部分 Bayesian 网络，该网络中的节点包含每个初始概念：动物、蔬菜、哺乳动物、肉食动物、草食动物。每个节点的值依据一个对象是否属于此概念为真或假，网络定义了一个连接概率分布，例如，考虑（动物，非蔬菜，非哺乳动物，肉食动物，非草食动物），其概率为：P(动物)×P(非蔬菜|动物)×P(非哺乳动物|动物)×P(肉食动物|动物，非哺乳动物)×P(非草食动物|动物，肉食动物)=0.5×1×0.7×0.2×1=0.07。

6. 模糊逻辑与演化算法的结合

文献[24]为了发现数据库中由欺诈者留下的“指纹”，利用模糊逻辑与演化算法的结合来进行模式分类，采用遗传程序设计去演化模糊规则，实现准确和智能的分类。其实现是由模糊规则演化器来完成的。图 1.7 为模糊规则演化器的结构图。

系统开始时对训练数据的每一列用一维聚类算法进行聚类，聚类得到的最大、最小值用于模糊系统的隶属函数的域。四个适值函数确保误分类的概率尽可能小，强制对区分怀疑的数据类和正常的数据类进行演化，要求怀疑项的值比正常值大，所有演化得到的规则是短的。选取交叉概率为 0.8，变异概率为 0.4，种群大小为 100。

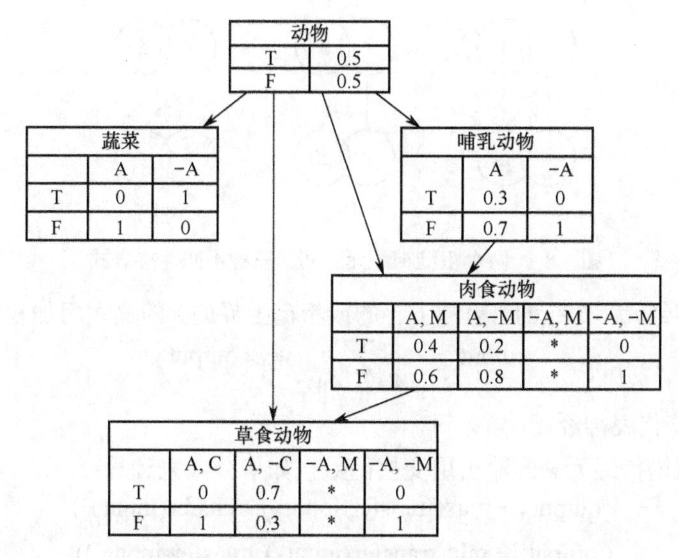

图 1.6 自然界事物的部分 Bayesian 网络

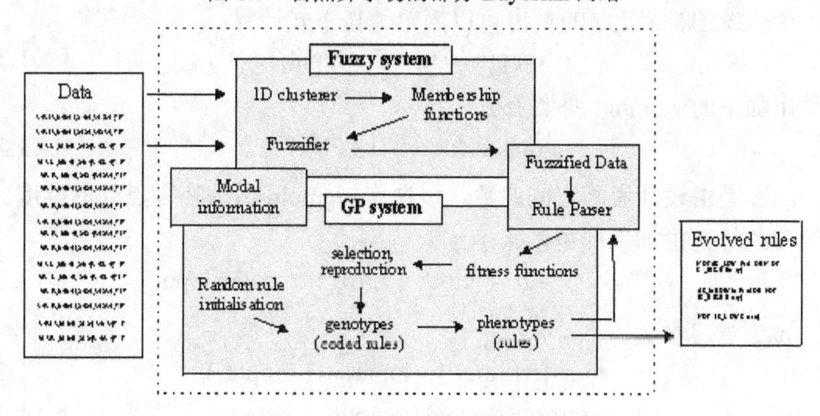

图 1.7 模糊规则演化器的结构图

7．粗糙神经网络法

粗糙集在数据挖掘中的应用已经显示出其处理不确定信息的优越性，粗糙集与神经网络结合后，其网络性能在某些情况下优于传统的神经网络。P.Lingras[25]描述的用于粗糙模式预测的粗糙神经网络是由传统的神经元与粗糙神经元结合在一起构成的网络，能够处理粗糙模式，每个粗糙神经元存储输入和输出的上下界值。依据应用的特性，神经网络中的两个粗糙神经元能够使用两条或四条线相互连接起来，上界和下界神经元的重叠表明它们之间的信息交流，其连接方式如图 1.8 所示。一个粗糙神经元也能与传统的神经元使用两条线相互连接起来。

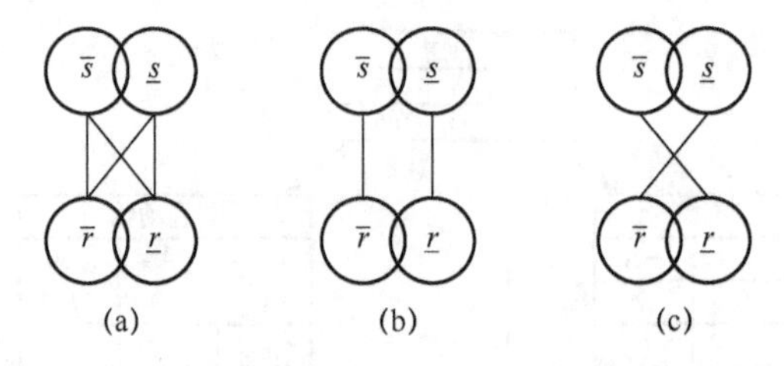

图 1.8　两个粗糙神经元之间的三种不同连接方式

一个神经元（传统的、粗糙下界的或粗糙上界的）的输入用加权和来计算：

$$\text{input}_i = \sum_{\text{从}j\text{到}i\text{有一个连接}} w_{ji} \times \text{output}_j \tag{1.2.7}$$

其中，i 和 j 代表神经元。

一个粗糙神经元 r 的输出用变换函数按如下公式来计算：

$$\text{output}_{\bar{r}} = \max(\text{transfer}(\text{input}_{\bar{r}}), \text{transfer}(\text{input}_{\underline{r}})) \tag{1.2.8}$$

$$\text{output}_{\underline{r}} = \min(\text{transfer}(\text{input}_{\bar{r}}), \text{transfer}(\text{input}_{\underline{r}})) \tag{1.2.9}$$

一个传统的神经元 i 的输出可以简单地按下式计算：

$$\text{output}_i = \text{transfer}(\text{input}_i) \tag{1.2.10}$$

使用如下的 sigmoid 变换函数：

$$\text{transfer}(u) = 1/(1 + \mathrm{e}^{-\text{gain} \times u}) \tag{1.2.11}$$

其中，gain 是由设计者确定的参数，以决定 sigmoid 函数在零点处的陡度。

权值的修正由如下的规则来确定：

$$w_{ji}^{\text{new}} = w_{ji}^{\text{old}} + \alpha \times \text{output}_j \times \text{error}_i \times \text{transfer}(\text{input}_i) \tag{1.2.12}$$

其中，α 为学习参数。

$$\text{transfer}(\text{input}_i) = \text{input}_i \times (1 - \text{input}_i) \tag{1.2.13}$$

$$\text{error}_i = \text{desired\_output}_i - \text{output}_i \tag{1.2.14}$$

若网络由三层结构构成，可以采用两种形式：一种为输入层由粗糙神经元组成，隐含层及输出层由传统神经元组成；另一种为输入层及隐含层由粗糙神经元组成，输出层由传统神经元组成。其中的连接均采用全连接方式。

8．讨论

上面仅介绍了几种常见的软计算方法，在实际应用中还有许多其他有效的方法，比如文献[26]中给出的用于预测渗透性的混合软计算系统是一个模糊逻辑、神经网络和遗传算法的混合方法，文献[27]中给出了混沌模拟退火神经网络法，这些混合智能方法吸取了各类方法的优点，不同方法相互补充，变化出多种使用效果良好的方法。大部分模糊逻辑的应用涉及模糊规则的提取，在实际应用中模糊规则与人的直觉非常接近，所以模糊逻辑在软计算中起着重要作用。神经网络技术的主要工具为梯度程序设计，而遗传算法、模拟退火和随机搜索方法的应用没有梯度存在的假设。梯度程序设计和无梯度方法的相互补充提供了神经元遗传系统概念和设计的基础。它们的结合主要表现为神经元模糊系统、模糊遗传系统、神经元遗传系统和神经元模糊遗传系统。

在信息化时代，对信息的收集、存储、处理、利用是势在必行的，而各种相应的工具的开发及研制是受科技发展水平制约的。目前，为使数据的利用率和潜在的效益得以发挥，对数据挖掘的方法及系统提出了更高的要求，而现有方法和系统不完善和不够有效是促使我们在此方面进行研究的驱动力。

现实生活中不确定性是一个本质特征，因此，在不确定性的条件下进行推理和决策是智能行为的核心内容[28]。软计算技术在处理不确定性、不精确性知识方面的优势为知识发现过程提供了智能化方法，不论是神经元模糊技术和演化算法的结合，还是演化算法、混沌理论与其他方法的结合，都为数据挖掘提供了更好的智能挖掘工具，使机器本身能在数据库中有效地找到有价值的但未被识别的数据模式，这种机器智能的实现，离不开软计算技术的使用和发展。

1.3　基于 WWW 的数据挖掘与文本挖掘

1.3.1　基于 WWW 的数据挖掘

只要有数据积累的地方，就意味着其中存在有用的信息，同时也是数据挖掘的用武之地。WWW（World Wide Web）的迅猛发展，为我们积集了众多的数据，而对这些数据的分析处理可为 Internet 及 WWW 本身的设计及发展提供支持，因此基于 WWW 的数据挖掘已成为目前较为热门的研究方向之一。

Internet 是一个具有开放性、动态性和异构性的全球分布式网络，资源分布得很分散。WWW 以超文本的形式呈现给用户各种资料、信息、新闻等，可以为用户提供丰富的信息资源[4]。快速、准确地从大量的信息源中定位所需要的信息是每个用户的期望，基于 WWW 的数据挖掘可为用户实现信息服务的良好支持，它可分为以下三类[48]。

（1）WWW 内容挖掘：针对 Web 页面内容进行挖掘，包括传统的从 WWW 上提取信息的搜索引擎（如 Webcrawler）、智能地提取信息的搜索工具（如 Information Filtering）、把半结构化的 Web 信息重构为结构化信息后以常用的数据挖掘方法进行分析、对 HTML 页面内容进行挖掘（包括文本挖掘及多媒体信息挖掘）。

（2）WWW 访问信息挖掘：对用户访问 Web 时在服务器上留下的访问记录进行挖掘，包括路径分析、关联规则和序列模型的发现、聚类和分类等。

（3）WWW 结构挖掘：对 Web 页面之间的结构进行挖掘，如发现某个论文页面经常被引用，由此可以确定其是重要的。

1.3.2 自然语言处理与文本挖掘

自然语言处理是计算机科学领域与人工智能领域中的一个重要研究方向。它研究能实现人与计算机之间用自然语言进行有效通信的各种理论和方法。自然语言（如中文、英文、法文、德文等）是人类交流的重要方式之一，人类的逻辑思维以语言为形式，人类的绝大部分知识以语言文字的形式记载和流传下来。用自然语言与计算机进行通信，一直是人们的愿望，因为这样就可以用自己最习惯的语言来使用计算机，自然语言处理正是以此为目的的。

自然语言处理包括自然语言理解与自然语言生成两部分。前者是指计算机能够理解自然语言文本的意义，后者是指计算机能以自然语言文本来表达给定的意图、思想等。中文信息处理是自然语言处理的一部分，是研究如何用中文与计算机进行通信的，它与其他语言处理有共同之处，但由于中文自身的特点，所以也有其独特的处理方式[29]。

人们在 WWW 上检索、获取最多的信息数据就是文本数据，而且随着中文信息在网络上的不断增加，对处理 Internet 上的中文信息提出了要求。由于这种数据类型缺乏结构化，并且随意地存放在 Internet 上的各个角落，人们不能有效地利用这些丰富的信息资源[30]。因此，对于文本信息处理的研究是一个很有实际意义的课题。

文本挖掘也称文本数据挖掘、文本数据库中的知识发现，它是从非结构化的文本文档中抽取有趣的和非平凡模式或知识的过程，它可以看成数据挖掘或数据库中的知识发现的扩展。

文本挖掘涉及自然语言处理、文本处理技术、网络技术、数据挖掘技术、人工智能技术等多个领域和方向。目前研究的主要方面包括文本的表示和特征提取、文本内容的挖掘、特征匹配等。

1.4 研究现状与发展趋势

软计算方法由若干种方法构成，包括神经网络、支持向量机、模糊集合理论、近似推理及一些非导数优化方法，如基于熵的计算、遗传算法、人工免疫和蚁群算法等[31]。其中，机器学习（Machine Learning）是软计算领域中的重要方法，它利用算法来训练数据集，并让其模拟人脑对未来发展趋势进行预测，或采取某种行为来优化系统。机器学习主要是利用算法来分析大数据，从中找出有价值的信息对客观世界进行分析、预测或决策。同传统的软件硬编码相比，机器学习借助海量数据进行训练和学习，通过算法从数据中找到解决问题的规律和方法。神经网络是其代表性的算法，对语音、图像和自然语言的识别和处理是其主要的研究和应用领域[32]。近年来，以专家系统、模糊逻辑、神经网络（ANN）等智能技术为基础的建模方法在线加热成形中得到了应用，显示出了智能建模技术在该工艺中的应用潜力[33]。

通过调查分析，近 10 年来软计算技术的研究和使用都在快速增长，但在很多领域软件可靠性预测方法还是采用指标的方法度量。事实上，智能机器学习技术用于可靠性预测已逐渐引起人们的注意。因此，软件可靠性的研究应该继续使用公共数据集和其他的机器学习算法来建立更好的预测模型。软计算方法是指对所研究对象不以追求精确解为目标，而是允许存在不精确性、不确定性和部分真实性，从而得到易于处理、稳健性强和成本较低的解决方案，它不是一种单一的方法，而是由若干种计算方法构成的。Madsen（2005）研究使用软计算方法解决软件可靠性工程，提出了一个支持模糊方法和数据挖掘技术的框架。Marcia（2010）采用多种软计算方法进行可靠性建模和可维修系统的分析。他们指出许多软计算方法（包含神经网络、模糊系统和随机方法）都已被用于解决许多不同工程中的复杂问题。而精确地捕捉软件特性中的变化是十分困难的，软计算方法能够帮助软件开发者提高软件质量。软计算方法主要包括人工神经网络、支持向量机、遗传算法和遗传编程等[34]。

知识发现是一项重要活动。以关联数据和本体为代表的语义网技术试图在连接信息孤岛的基础上，提升机器理解信息的能力，从而改变人类知识工作的环境。知识发现是由多种主观和客观因素交织完成的。例如，知识发现的工具是从不同类型的数据库及其他有关资源中通过利用相应的网络技术与工具实现的，知识发现的对象是那些存在于不同类型的数据库与网络中的各种类型的数据，知识发现的结果是找到某种或某些知识，并将其组织为有效的信息。这些知识被称为人们感兴趣的并且符合研究实践的、可利用的有用知识[35]。

知识表示是指通过对真实世界的知识进行建模，表示出知识蕴含的语义信息，以便于机器识别和理解。现有的知识表示技术分成符号主义和连接主义两类[36]。符号主义知识表示基于物理符号系统假设，认为人类认知和思维的基本单元是符号，认知的过程就是在符号表示上进行的运算。连接主义认为人类的认知是互相联系的神经单元所形成网络的整体活动，知识信息不存在于特定的地点，而是在神经网络的连接或权重中。知识表示方法主要分成以下三种。

（1）基于符号逻辑的知识表示，包括产生式系统、谓词逻辑、框架表示、语义网等。这种方法与自然语言较为接近，能较好地描述逻辑推理过程，但往往需要依靠人力来生成规则，故这种方法已经不再适用于当前的大规模数据时代。

（2）互联网资源的开放知识表示方法，如基于标签的半结构化的标记语言XML、基于互联网资源的语义元数据描述方法RDF、基于逻辑的本体描述语言OWL等。其中，RDF被表示为三元组的形式来描述数据之间的语义联系，知识图谱中的知识也多被表示为这种三元组形式。

（3）表示学习，即通过机器学习或深度学习的方法，将研究对象表示为低维连续空间中的向量，同时保留其中的语义信息。相比传统的知识表示方法，表示学习可以有效缓解数据稀疏问题，显著提升计算效率，而且利用表示学习更容易实现多种来源的信息融合。由此看来，表示学习对于知识图谱构建、知识推理和应用具有十分重要的意义[37]。

人工神经网络是20世纪80年代以来人工智能领域兴起的研究热点。通过抽象人脑神经元网络进行信息处理的过程，通过不同的连接方式组成不同的网络来构建模型。每一个神经元模型包括多个输入，每个输入上分别使用不同的权值，通过计算某一函数模型来确定是否激发神经元，最后通过权值计算函数来计算人工神经元的输出[38]。

当前的搜索引擎一般都包括四大部分——搜索器、索引器、检索器及Web前端接口。搜索器也称后端网络爬虫[39]，其工作内容为抓取网页，通常在深度优先或广度优先爬行抓取的方式中出现。严格来说，只要有合适的时间和地点，且相关数据设置正确，网络爬虫就可以支持搜索器随时进行搜索[40]。

较早开始进行文本挖掘研究的是拉丁语系的国家，国外学者先加入文本挖掘的理论、技术研究之中，我国的学者早期通过研究外国文献结合中文特色进行翻译或改进。袁军鹏等（2006）对文本挖掘进行了定义和流程介绍，并详细列举了预处理技术和挖掘分析技术，其中包括分词技术、特征表示、文本摘要、文本聚类等[41]。李芳（2010）提出了文本挖掘的难点技术，对其展开研究并进行了仿真实验，提出了优化方案，解决了文本数据中高度相关难以划分、存在大量层次类别关系等问题[42]。随着研究进程的发展，越来越多的学者提出了基于中文的文本挖掘技术实现方法，如网页信息提取技术、分词技术、文本相似度计算、主题模型的提出及应用等[43]。

聚类分析是无监督学习方法的一种，它是多元统计分析中的常用方法，也是数据挖掘、机器学习与模式识别领域的重要研究内容。聚类分析与有监督学习方法的区别在于聚类分析所用的样本事先不做任何标记，样本所属的类别由聚类分析算法自动确定，它是一种在没有训练数据的情况下将数据集按照样本的特征相似程度划分为若干个簇的过程，使得同一个簇内的样本有较高的相似性，而不同簇的样本之间有较高的相异性[44]。

数据挖掘方法的总体目标是从信息集合中提取信息，并将其关联到一个综合的结构中以供将来使用。分类是一种十分重要的数据挖掘方法，它是一个查找分类器的过程。通过一些约束条件来将数据集中的对象分配到不同的类中[45]。它使用给定的类别标签对数据集中的对象进行分析，通常使用一个训练集，其中所有的对象已经与已知的类别标签相关联。分类算法从训练集中学习并建立模型，而后用这个模型分类新的对象。可以说，分类是根据不同的类来概括数据的过程[46]。分类技术能够处理更广泛的数据，并且越来越受欢迎[47]。

参考文献

[1] Usama Fayyad, et al. The KDD process for Extracting Useful Knowledge from volumes of Data[J]. Comm. ACM, 1996, 39(11): 27-34.

[2] 王军. 数据库知识发现的研究[D]. 北京：中国科学院软件研究所, 1997.

[3] K P Soman, Shyam Diwakar, V Ajay. 数据挖掘基础教程[M]. 范明，等译. 北京：机械工业出版社, 2009.

[4] Jiawei Han, Micheline Kamber. 数据挖掘概念与技术[M]. 范明, 孟小峰，译. 北京：机械工业出版社, 2008.

[5] 史忠植. 知识发现[M]. 北京：清华大学出版社，2002.

[6] Ming-Syan Chen, et al. Data Mining: An overview from Database Perspective.

[7] An overview of datamining methods and products, http://www. Cs. Chalmers. Se/computingscie… Apporter/magnusbjornsson/appendixd.html

[8] J H Holland. Adaptation in Natural and Artificial Systems[M]. Ann Arbor, Michigan: The University of Michigan Press, 1975.

[9] K Xu, Z Wang, K S Leung. Using a new type of nonlinear integral for multiregression: An application of evolutionary algorithms in data mining. Proc IEEE Int Conf Syst, Man, Cybern, 1998: 2326-2331.

[10] Nello Cristianini, John Shawe-Taylor. 支持向量机导论[M]. 北京：电子工业出版社, 2006.

[11] V Vapnik. Statistical Learning Theory[M]. Wiley, NY, 1998.

[12] V Vapnik. Theory of Pattern Recognition[M]. Nauka, Moscow, 1974.

[13] 陆伟, 吴朝晖. 知识发现方法的比较研究[J]. 计算机科学，2000: 27(3).

[14] BISC-Special Interest Group: Database Mining, http://www.cs.berkeley.edu/~mazlack/bisc/bisc-dbm.html

[15] What is BISC, http://HTTP.cs.Berkeley.EDU/Research/Projects/Bisc/bisc.memo.html

[16] Lotfi Zadeh. Neuro-Fuzzy and Soft Computing, http://neural. Cs.nthu.edu.tw/jang/book/foreword. html

[17] qiunn1994. Python 遗传算法(详解) [EB/OL]. https://blog.csdn.net/quinn1994/article/details/80501542

[18] M Ayoubi, R Isermann. Neuro-fuzzy systems for diagnosis[J]. Fuzzy Sets and Systems，1997, 89: 289-307.

[19] 梁艳春, 王政, 周春光. 模糊神经网络在时间序列预测中的应用[J]. 计算机研究与发展, 1998, 35(7): 663-667.

[20] Bayesian Belidt Networks, http://www.agena.co.uk/bbn_article/bbns.html

[21] Hhgin Help pages, http://www.hugin.dk/hugintro/bbn_pane.html

[22] Applicability of Genetic Alagorithms forabductive Reasoning in Bayesian Belief Networks, http://www. Eur. Nl/fgg/mi/annrep94/p_08.html

[23] D Koller, A Levy, A Pfeffer. P-CLASSIC: A tractable probabilistic description logic. Proceedings of the AAAI Fourtheenth National Conference on Artifical Intelligence, 1997.

[24] P J Bentley. Evolving Fuzzy Detectives: An Investigation Into The Evolution Of Fuzzy Rules, http://www. Cs. Ucl.ac.uk/staff/P.Bentley

[25] P Lingras. Rough Neural Networks，1996.

[26] Y Huang, P M Wong, T D Gedeon. Permeability Prediction in Petroleum Reservoir Using a Hybrid System, http: //www3.muroran –it.ac.jp/wsc4

[27] T Kok, K A Smith. A Performance Comparison of Chaotic Simulated Annealing Medels for Solving the N-queen Problem, http://www3.muroran-it.ac.jp/wsc4

[28] Daphne Koller, Jack Breese. Belief Networks and Decision-Theoretic Reasoning for AI, http://www. Aaai. Org/conferences/National/1997/Tutorials/sa1.html

[29] 吴立德，等. 大规模中文文本处理[M]. 上海: 复旦大学出版社, 1997.

[30] 王伟强, 高文, 段立娟. Internet 上的文本数据挖掘[J]. 计算机科学, 2000, 27(4): 32-36.

[31] 宋海波. 大数据环境下入侵检测中若干软计算方法应用研究[J]. 无线互联科技, 2017, 8(15): 111-112.

[32] 祝凤云. 图书馆应用人工智能的风险及其防范[J]. 图书馆学研究, 2019, 1:6-11.

[33] 冯志强, 柳存根, 杨润党. 基于粗糙—模糊软计算的船板线加热成形加工参数预报方法[J]. 船舶工程, 2017, 39(11): 69-74.

[34] 孙媛, 赵建军, 周源. 基于软计算技术的军用软件可靠性预测模型研究[J]. 兵工自动化, 2017, 36(2): 56-65.

[35] 赵夷平. 基于关联数据的机构知识库资源聚合与知识发现研究[D]. 长春：吉林大学, 2018.

[36] 李涓子, 侯磊. 知识图谱研究综述[J]. 山西大学学报(自然科学版)，2017, 40(3): 454-459.

[37] 靳京. 基于深度学习融入实体描述的知识图谱表示学习研究[D]. 北京：北京交通大学, 2018.

[38] 李金航. 基于深度卷积神经网络的多通道图像超分辨方法[D]. 南京：南京理工大学, 2018.

[39] 彭徽. 基于改进动态聚类算法的两步入侵检测研究[D]. 安徽：安徽理工大学, 2016.

[40] 史昊天. 网络搜索引擎搜索策略及算法研究[D]. 天津：天津工业大学, 2018.

[41] 袁军鹏. 文本挖掘技术研究进展[J]. 计算机应用研究, 2006(2): 1-4.

[42] 李芳. 文本挖掘若干关键技术研究[D]. 北京：北京化工大学, 2010.

[43] 梅钟霄. 基于文本挖掘的新闻标题与内容契合度评价研究[D]. 北京：首都经济贸易大学, 2018.

[44] 张雄. 聚类分析中最佳聚类数确定方法研究[D]. 南京：南京邮电大学, 2018.

[45] Song J, Feng Y. Hyperspectral Data Classification by independent Component Analysis and Neural Network[J]. Remote sensing technology and application, 2006, 2: 115-119.

[46] Osipov P, Borisov A. Practice of Web Data Mining Methods Application[J]. Scientific Journal of Riga Technical University. Computer Sciences, 2009, 40(1): 101-107.

[47] 陈洁. 数据挖掘分类算法的改进研究[D]. 南京：南京邮电大学, 2018.

[48] 王实, 高文, 李锦涛. Web 数据挖掘[J]. 计算机科学, 2000, 27(4): 28-31.

第 2 章

基于智能 Agent 的知识发现模型研究与设计

2.1 知识发现模型概述

数据是指一个相关事件的表示集合，记录了事件有关方面的原始信息，给数据赋予不同的解释就构成了不同的信息。信息是有意义的数据，是消息的内容，是数据加工的结果，是任何一个系统的组织性、复杂性的度量，是有序化程度的标志。模式可以看成知识，表示数据的特性或数据之间的关系，是对数据包含的内在信息更抽象的描述。知识发现是从数据源中挖掘先前没有察觉到的信息的过程。一般来说，知识发现是指从大型数据库或数据仓库中提取人们感兴趣的知识，这些知识是隐含的、事先未知的潜在有用信息。公司、政府、科学团体被在线数据库存储的数据所淹没。如果没有计算机的帮助和有效的分析工具，分析这些数据并抽取实时更新的有意义的模式则是一件极为难办的事情。数据挖掘从 20 世纪 90 年代开始成为数据库和机器学习领域中最受关注的研究方向之一[1,2]。

在过去的十几年中计算机的普及率是空前的，也正是由于 PC 进入了千家万户，进入了机关、企业，才使得信息服务成为一个举世瞩目的产业。人们越来越多地对计算机抱有期望，期望它能更多地代替人的劳动。然而，计算机并不能完全满足各行各业的需求，这主要是由于缺乏以固定形式表示的部门信息。随着技术进步，人们已经能够产生和维护诸如文本、音频、视频、图像等信息，但缺少必要的与信息系统相关的分析、模型化、仿真、预测、自动处理、决策支持等工具来满足用户的需求。任何由信息驱动的组织和社会，都面临着一些问题。

（1）产生信息并决定其内容；

（2）辨识各种信息的具体用户；

（3）辨识服务的提供者；

（4）通过网络或媒介向普通或特定的用户提供普通或特殊的信息；

（5）通过合适的系统或设备把信息发布到网络上，并且帮助用户访问信息、进行管理等。

因此，在当前的信息时代，传统的数据库管理系统已经远达不到人们的要求，能够处理多媒体多语言的智能信息系统是发展方向，信息系统应该能了解和分析各种用户的查询需求，并且能产生需要的信息。但目前还没有一个通用的智能信息系统，这样的系统至少应该具有如下特点：

（1）见闻广博，具有交互性和响应性；

（2）对于用户而言，系统操作不必预先培训；

（3）系统处理不要求使用用户手册；

（4）系统由用户引导数据和信息的插入；

（5）系统能对不同类型的查询产生信息模块；

（6）网络化。[3]

本章设计了一个基于 Agent 的智能数据挖掘系统，利用多智能体技术和软计算技术实现了信息的收集、预处理、查询，知识的自动提取，数据挖掘等功能。它可以为智能信息系统提供必要的支持。

研究 KDD 模型是数据挖掘领域中的一个分支，已经存在一些实用系统和原型系统，如 Regian 大学的 KDD-R 系统、Kansas 大学的 LERS 系统、Lock Head Martin 公司的 Recon 系统等[4]。目前，可以把 KDD 模型分为面向过程的 KDD 模型、面向用户的 KDD 模型及面向知识的 KDD 模型，下面分别简要介绍。

2.1.1 面向过程的 KDD 模型

把 KDD 看成面向过程的多处理阶段，数据挖掘只是其中的一部分功能，使得我们可以从整体上对数据库中的知识发现有一个全面的认识，典型的面向过程的 KDD 模型是 Fayyad 等[5-8]给出的 KDD 处理过程，如图 2.1 所示。

（1）数据准备：了解 KDD 相关领域的有关情况，熟悉有关的背景知识，并弄清楚用户的要求。

（2）数据选择：根据用户的要求从数据库中提取与 KDD 相关的数据，KDD 将主要从这些数据中进行知识提取。在此过程中，会利用一些数据库操作对数据进行处理，产生目标数据集。

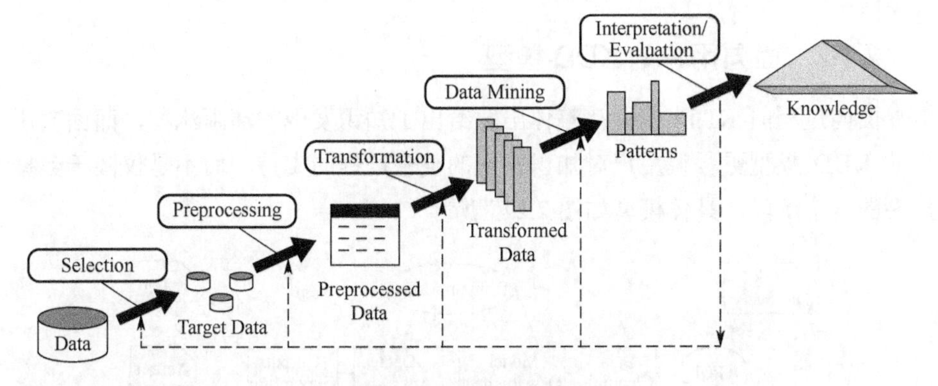

图 2.1　KDD 处理过程

（3）数据预处理：主要是对阶段 2 产生的数据进行再加工，检查数据的完整性及一致性，对其中的噪声数据进行处理，提取模型所需的必要信息，处理丢失的数据域。

（4）数据缩减：根据知识发现的任务，对经过预处理的数据进行再处理，主要通过映射或数据库中的其他操作减少数据量。

（5）确定 KDD 的目标：根据用户的要求，确定 KDD 要发现何种类型的知识，因为针对 KDD 的不同目标，会在具体的知识发现过程中采用不同的知识发现算法。

（6）确定知识发现算法：根据阶段 5 所确定的任务，选择合适的知识发现算法，这包括选取合适的模型和参数，并使知识发现算法与整个 KDD 的评判标准相一致。

（7）数据挖掘：运用选定的知识发现算法，从数据中提取出用户所需要的知识，这些知识可以用一种特定的方式表示或使用一些常用的表示方式，如分类规则和分类树、回归、聚类、序列模型、相依性和在线分析等。

（8）模式解释和知识评价：对发现的模式进行解释。在数据挖掘阶段发现的模式，经过用户或机器的解释和评估后，其中可能存在冗余或无关的模式，这时需要将其剔除；也有可能模式不满足用户要求，这时则需要退回到发现阶段之前，如重新选取数据、采用新的数据变换方法、设定新的数据挖掘参数，甚至换一种挖掘算法（如当发现任务是分类时，有多种分类方法，不同的方法对不同的数据有不同的效果）。另外，由于 KDD 最终是面向人类用户的，因此必须将发现的知识以用户能理解的方式呈现给用户。

除上述 KDD 多处理过程模型外，文献[9]中还给出了另一种多处理过程模型，它们之间的不同在于后者强调领域专家参与 KDD 的全过程。

2.1.2 面向用户的 KDD 模型

面向过程的 KDD 模型从整体出发给出了知识发现的清晰流程，而面向用户的 KDD 模型更强调用户对知识发现的整个过程的支持，而不是仅限于数据挖掘的一个阶段。具体模型如图 2.2 [10]所示。

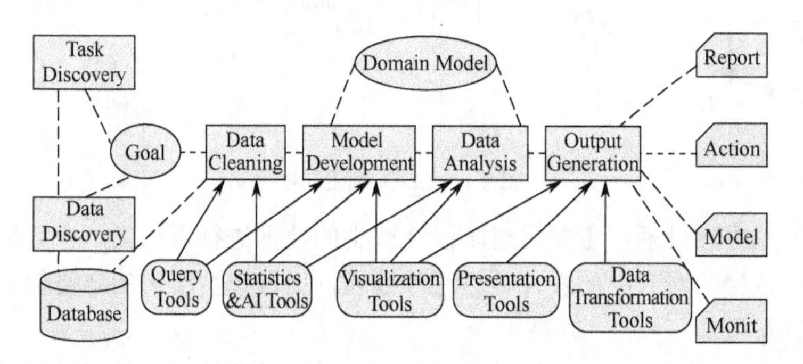

图 2.2　面向用户的 KDD 模型

此模型注重对用户与数据库交互的支持，用户根据数据库中的数据，提出一种假设模型，然后选择有关数据进行知识挖掘，并不断对模型的数据进行调整优化。整个处理过程分为以下步骤。

（1）任务定义：通过与用户的多次交流，确切了解需要处理的任务。任务定义是为了明确需要发现的知识的类别及相关数据。

（2）数据发现：了解任务所涉及原始数据的数据结构及数据所代表的意义，并从数据库中提取相关数据。

（3）数据清理：对用户的数据进行清理，使其适于后续的数据处理。这需要用户的背景知识，同时应该根据实际任务确定清理规则。

（4）模型定义：通过对数据的分析，选择一个初始模型。模型定义一般分为三个步骤，分别是数据划分、模型选择和参数选择。

（5）数据分析：包括四个处理阶段，一是对选中的模型进行详细定义，确定模型的类型及有关属性；二是计算模型的有关参数，得到模型的各属性值；三是通过测试数据对得到的模型进行测试和评价；四是根据评价结果对模型进行优化。

（6）输出结果：数据分析的结果一般都比较复杂，很难被人理解，将结果以文档或图表的形式输出则易于被人接受。

2.1.3　面向知识的 KDD 模型

面向知识的 KDD 模型旨在把知识（包括先验知识和已发现的知识）体现在整个知识发现过程中，使挖掘更具有智能性。文献[4]为提高挖掘效率，从信息融合的角度，将知识库与数据库所提供的信息有机地结合起来，采用双库协同机制给出一种面向知识的 KDD 模型，其结构如图 2.3 所示。

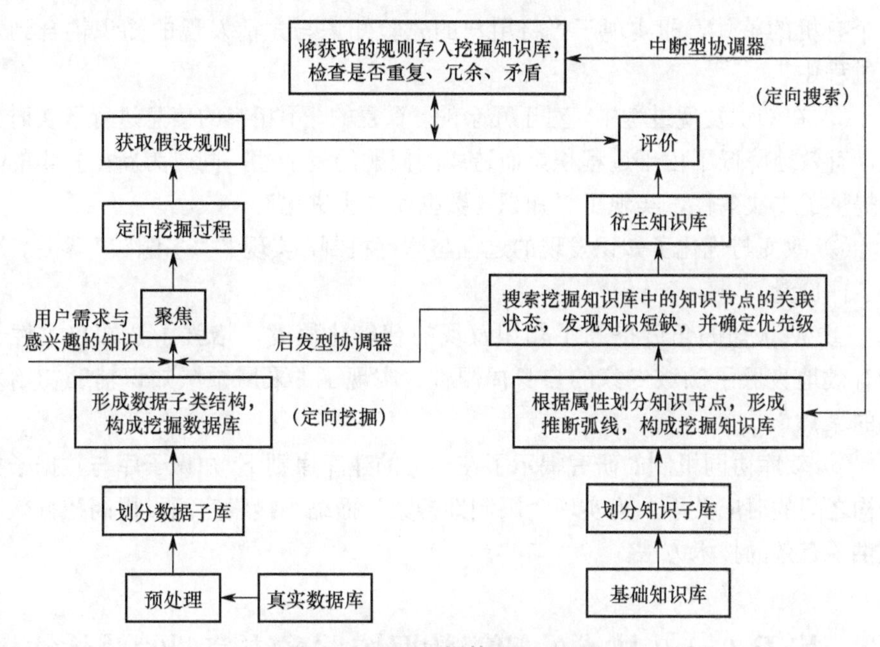

图 2.3　面向知识的 KDD 模型

（1）预处理：对原始数据进行包括数据净化、数值化与特定转换等在内的处理，形成挖掘数据库（DMDB），以供数据挖掘过程使用。

（2）聚焦：从挖掘数据库中进行数据的选择。聚焦的方法主要是聚类分析和判别分析。指导数据聚焦的方式有：①通过人机交互由专家提出感兴趣的内容，让专家来指导数据挖掘的方向；②利用启发型协调器进行定向的数据挖掘。

（3）获取假设规则：这是 KDD 的核心，它是对真实数据库（具有大数据量、不完全性、不确定性、结构化、稀疏性等特点）中隐藏的、先前未知的及具有潜在应用价值的信息进行非平凡抽取。主要是因果关联规则的抽取。

（4）双库协同机制：采用中断型协调器、启发型协调器，分别对所获得的假设规则进行处理，利用关联强度激发数据聚焦进行数据挖掘。

（5）评价：这一环节主要是对所获得的假设规则进行评价，以决定是否将所获得的规则存入知识库。使用的方法主要有：①通过规则的关联强度评价，设定一定的阈值，由计算机来实现；②通过人机交互界面由专家来评价，也可利用可视化工具所提供的各类图形和分析资料进行评价。将经评价认可的规则作为新知识存入衍生知识库。

此模型有如下特征：

① 融合了系统新发现的知识与基础知识库中固有的知识，使它们成为一个有机的整体，即实现了“将用户的先验知识与先前发现的知识耦合到发现过程中”。

② 在知识发现过程中，对于冗余的、重复的、不相容的信息进行了实时处理，有效地降低了由于过程积累而造成的问题的复杂性，同时为新旧知识的融合提供了先决条件，实现了“知识与数据库同步进化”。

③ 改变与优化了知识发现的过程与运行机制，实现了“多源头”聚焦，减少了评价量。

④ 从认知的角度提高了知识发现的智能化程度，增强了认知自主性，较有效地克服了领域专家的自身局限性，实现了“采用领域知识辅助初始发现的聚焦”。

⑤ 双库协同机制的研究揭示了在一定的建库原则下，知识子库与数据子类结构之间的对应关系，为实现“限制性搜索”而缩小搜索空间、提高挖掘效率提供了有效的技术方法。

2.2 基于 Agent 技术的智能数据挖掘系统模型的总体结构

2.2.1 Multi-Agent 技术的特性

Agent 思想出现于 20 世纪 60 年代，80 年代后期才逐渐发展起来，它起源于社会学、经济学与生态学等学科。对于 Agent 至今还没有一个统一的能为大多数人所接受的定义，研究者们依据其研究的角度和对 Agent 的理解给出了各种不同的定义，从这些定义中可以看出 Agent 的特性。

Minsky 首先提出 Agent，他认为社会中的某些个体经过协商之后可求得问题的解，这个个体就是 Agent。

Russell 认为“Agent 是任何能通过传感器感知环境并通过执行器对环境进行操作的东西”。此定义中强调了感知和操作，任何一个东西只要能从环境中获取信息并对环境进行操作均可被认为是 Agent。

P. Maes 认为“Agent 是在复杂动态环境中能自治地感知环境并能自治地通过操作作用于环境，从而实现其被赋予的任务或目标的计算系统”。此定义在 Russell 的定义的基础上又增加了两个限定词：自治的和面向目标的。

M.Coen 认为“Agent 是可以进行对话、协商的软件”。对话即指 Agent 与环境（包括其他 Agent）的交互，其实质也是感知和操作，协商的目的是使各方达成共识，协商必然要进行通信。

Hayes-Roth 认为，智能 Agent 除了能对环境进行感知和操作，还应当能够进行推理以解释感知信息或决定执行什么操作，即 Agent 应当是可推理的。

Wooldridge 和 Jennings 的定义可以说是上述说法的总结，他们认为 Agent 应当是一个硬件或软件系统（后者更常见），即一个特定环境中的计算机系统，该系统在此环境中靠自主行为完成设计目标。该系统具有如下特征。

（1）自治性：Agent 的运行不受人或其他 Agent 的直接干涉，Agent 对自己的内部状态和动作有一定的控制权。

（2）社交能力：Agent 可以通过某种 Agent 语言（如 Knowledge Query and Manipulation Language，KQML）与其他 Agent 或人进行交互。

（3）反应性：Agent 能够感知环境，并能及时做出反应。

（4）预动性：Agent 能够展现出一种导向目标的行为。

事实上，Agent 的社交能力即通信能力，反应性即感知和操作，预动性即面向目标的能力。

White 认为运行在 Internet 中的 Agent 应当是可移动的。

C.Byrne 认为运行于复杂环境中的 Agent 还应当能够根据以前的经验校正其行为，即具有学习或自适应能力。

L.Foner 着重于从人机交互方面探讨 Agent 的特性，提出了用户的期望、人机对话及用户接口的类人化等问题，而且还从风险、信任及协作等方面研究了 Agent 的特性。

除上述各种特性外，Agent 还有持续性或时间连续性、自启动性、自利性等特性。文献[11]指出 Agent 最基本的特性应当包括反应性、自治性、面向目标性和针对环境性，并且把只具有这四个特性的 Agent 称为最小 Agent，由此给出了 Agent 的如下定义：Agent 是一类在特定环境中能感知环境，并能自治地运行以代表其设计者或使用者实现一系列目标的计算实体或程序。

多智能体（Multi-Agent）系统是由多个 Agent 组成的分布的、合作的系统，它具有上述基本特性。把多智能体技术引入数据挖掘，用 Agent 来描述数据挖掘过程的各阶段，整个知识发现的过程即为一个多智能体系统，利用 Agent 本身具有的知识（领域知识、通信知识、控制知识）、目标和推理、决策、规划、控制等能力，以及自治性、社会性、反应性、预动性等特性，可以实现整个挖掘过程的智能化[12,13]。

2.2.2 智能数据挖掘系统模型的总体结构

融合多智能体技术和软计算技术，本书给出了一个基于 Agent 技术的智能数据挖掘系统模型，它属于基于知识的 KDD 模型，其总体逻辑结构如图 2.4 所示。

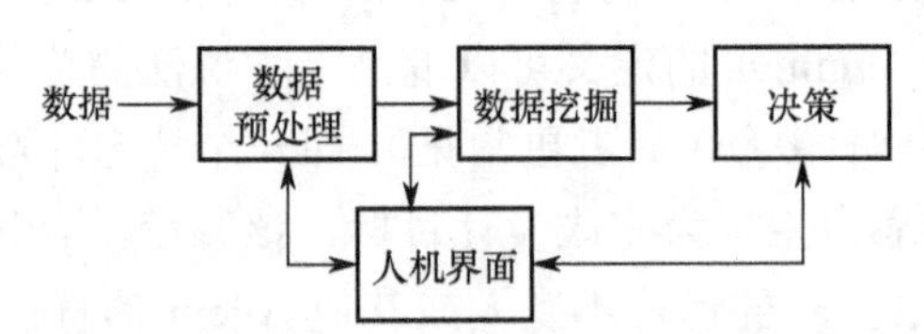

图 2.4　智能数据挖掘系统模型的总体逻辑结构

基于 Agent 技术的智能数据挖掘系统模型由四部分组成：数据预处理 Agent、数据挖掘 Agent、决策 Agent 及人机界面 Agent。

数据预处理 Agent 的功能是完成任务确定、模型设计、数据分析及数据抽取、数据处理、数据变换。其中，数据分析及数据抽取包括 OLAP 分析、数据可视分析、聚类分析等常用数据分析方法和 DTS（Data Transform Server）等数据抽取方法；数据处理一般包括消除“脏”数据、推导缺值数据、消除重复记录等数据清洗操作，还包括连续属性离散化等降维操作；数据变换一般包括特征选择过程和与具体实现有关的数据格式变换过程。

数据挖掘 Agent 的功能是完成数据模式的识别，即发现新的模式或规则。挖掘任务主要分为分类、聚类、关联规则发现、回归及预测、过滤。分类算法包括决策树、神经网络、K-最近邻、Naive-Bayes 等。聚类算法包括聚类分析中的典型算法，主要采用距离进行聚类，还有神经网络法中的自组织特征映射法、基于随机搜索的聚类法、聚类特征树法等。关联规则发现算法包括 Apriori 的经典算法和 AprioriBest 的改进算法。

人机界面 Agent 的功能是发挥人这个智能体的作用，人为地参与数据挖掘过程，调整和加速数据挖掘进程，而且强调人机之间的双向友好交互，不只是人告诉机器去做什么，还要求机器与人通信，告诉人们它知道什么，帮助人们更好地决策。当数据挖掘 Agent 发现新的知识时，人机界面 Agent 就会以可视化或自然语言的方式来通知用户，这不仅要有概念来支持，而且要有丰富的语法和语义来支持。

决策 Agent 的功能是对数据挖掘 Agent 所给出的结果进行评价和解释，并与人机界面 Agent、数据挖掘 Agent 及数据预处理 Agent 协调。若发现的模式中存在冗余或无关内容，需要将其删除。若某个模式不满足用户要求或条件，则需要重新进行整个数据挖掘过程或重复执行某个环节，诸如重新选取数据、采用新的数据变换方法、设定新的数据挖掘参数或选用不同的挖掘算法等。对于发现模式的解释主要是指把结果输出给用户，并使用户理解，如用逻辑语言、自然语言或用户能够与机器交互的语言等输出结果。

数据源主要是指数据库，目前存在的数据库可以分为关系数据库和非关系数据库，亦可分为多媒体数据库和非多媒体数据库。事实上真正意义上的多媒体数据库还不存在，在这样的数据库中每个数据属性域中存放的是多媒体对象。数据库根据其应用背景不同采用不同结构，常见的有关系数据库、面向对象数据库、空间数据库、时间数据库、文本数据库、WWW 网上资源等。数据库的异构性及数据类型的表示不一致性对数据挖掘来说应该是透明的，只有很好地解决了此问题，才能获得真正通用的数据挖掘系统。在本节所述的系统中暂且假设此问题已经得到解决[14-17]。

2.2.3　数据挖掘 Agent 功能描述

数据挖掘 Agent 由感知器、通信机制、信息处理器、数据挖掘处理器、知识库、模型库、推理机、目标库等模块组成，其逻辑结构如图 2.5 所示。

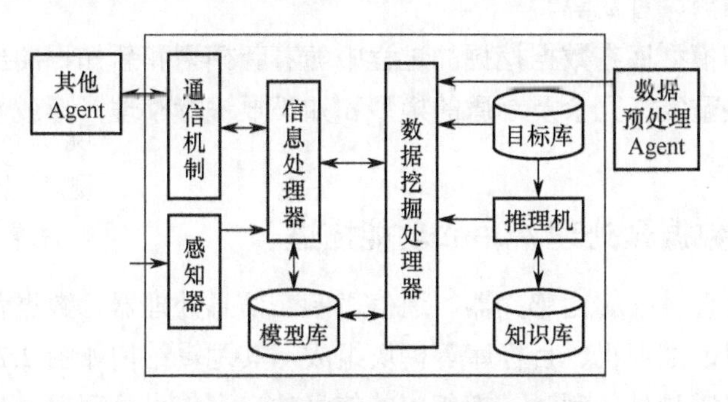

图 2.5　数据挖掘 Agent 逻辑结构

由感知器感知外部刺激，把相应的信息传递到信息处理器，信息处理器采用文献[18]中的结构，如图 2.6 所示，它由信息过滤器、控制器、推理机制、类比匹配机制、内部执行机制及知识库等组成。信息处理器在接收到信号/信息后，先对其进行过滤、抽象、聚合，使其形成可能与客观世界的对象联系起来的有意义的符号，然后由类比匹配机制将这些符号及特征与知识库中的知识块进行模糊匹配。如果能查找到高度匹配的知识块，则相应的知识块被用来处理信息并产生决策；如果只能部分匹配，则控制器驱动内部执行器将被匹配的部分知识作为符号，然后运用推理机制及知识库中的规则处理信息。

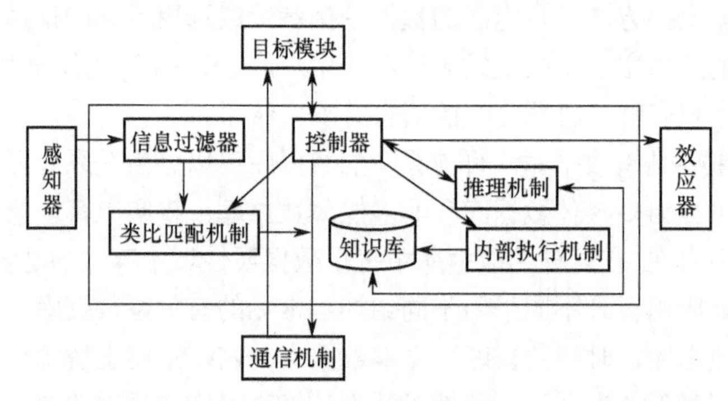

图 2.6　信息处理器结构

通信机制主要负责与其他 Agent 的联系，它把其他 Agent 的请求或应答信息传给数据挖掘模块，或把数据挖掘模块生成的协作信息传给其他 Agent。

数据挖掘处理器除了要完成各模块间的协调工作，还要完成数据挖掘任务，首先对数据挖掘任务进行分析，然后在专家和用户及知识库和模型库的交互过程中把任务进行分解，分别送到相应的处理器进行求解，如分类、聚类、关联规则发现、预测、过滤等。

知识库和模型库在数据挖掘的过程中随着新模型和新知识的出现而不断地更新，对一些重复、冗余及矛盾的模型和知识要进行整理，形成新的知识库和模型库。

2.2.4　数据预处理 Agent 功能描述

数据预处理 Agent 由感知器、通信机制、信息处理器、数据预处理器、知识库、模型库、推理机、目标库等模块组成，其逻辑结构如图 2.7 所示。

由感知器感知外部刺激，把相应的信息传递到信息处理器，信息处理器采用图 2.6 所示的结构，除数据预处理器外，其他模块的功能见 2.2.3 节。数据预处理器对数据源的数据进行预处理，包括对结构化和非结构化数据的处理。处理过程包括数据分析及数据抽取、数据处理、数据变换。数据分析及数据抽取包括 OLAP 分析、数据可视分析、聚类分析等常用的数据分析方法和 DTS 等数据抽取方法；对于非结构化数据（如文本），采用向量空间方法进行结构化处理，并采用统计的方法进行特征提取及关键字提取。数据处理包括消除“噪声”、推导缺值数据、消除重复记录、文本中的常用词及禁用词去除、属性缩减及相似度匹配等，在此过程中要不断地与人机界面 Agent 进行交互，对于人这个智能体在数据预处理阶段的重要性应该予以重视，有时要人为地利用人的常识或经验来过滤掉不必要的数据或属性。数据变换包括特征选择和数据格式转换，它们为数据挖掘提供了必要的条件。

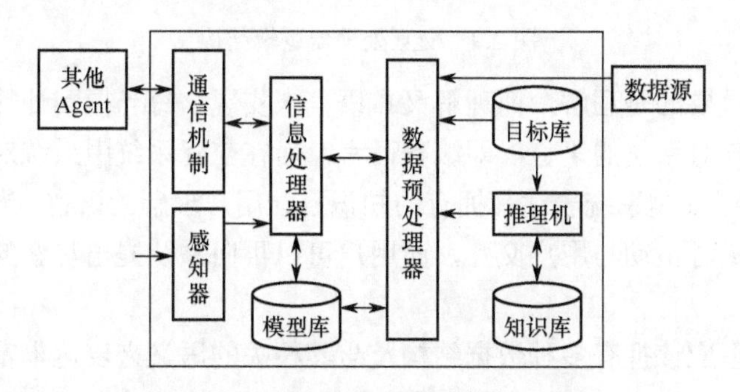

图 2.7　数据预处理 Agent 逻辑结构

2.2.5　人机界面 Agent 功能描述

人机界面 Agent 由感知器、通信机制、信息处理器、交互处理器、知识库、模型库、推理机、I/O、目标库等模块组成，其逻辑结构如图 2.8 所示。

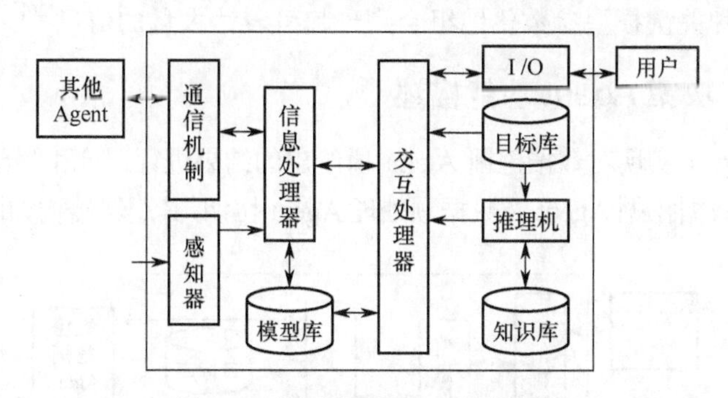

图 2.8　人机界面 Agent 逻辑结构

当数据挖掘 Agent 获得新的知识或用户有新的需求时，由触发器激活人机界面 Agent，交互处理器完成用户与系统的双向交互的处理。通常用户对系统做出指示，便于系统操作；反过来，系统把其挖掘出来的知识或发现以积极的方式告诉用户，便于用户理解和决策。交互处理器的逻辑结构如图 2.9 所示。

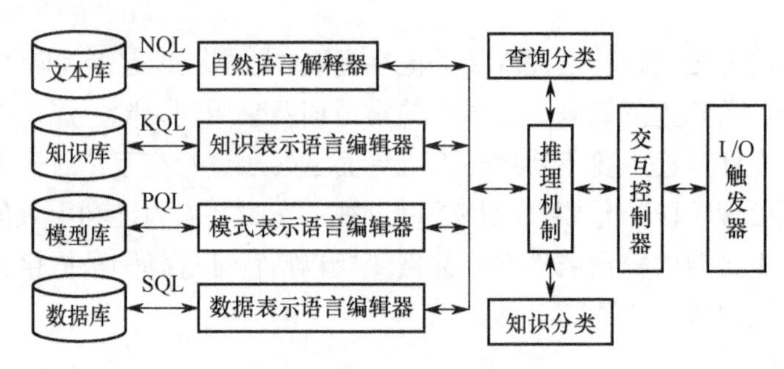

图 2.9 交互处理器逻辑结构

交互中重要的是理解，而理解又靠语言来实现。每当提到计算机系统时，语言常指用户对系统的语言，即编程语言，而在交互系统中系统对用户的语言（知识表示语言）是系统表达其拥有的知识且让用户理解的语言。当系统发现新的知识及模式时主动与用户交互，而用户可以再向系统提出与新的知识或模式相关的查询。

知识模型应该拥有多种数据结构及与其相关的语义来表达丰富的知识。例如，输出的知识模型的结构有影响图（Influence Graph）、解释树（Explanation Tree）、立方体层次结构（Cube-hierarchy）等。数据挖掘中发现的知识模型有许多种，如影响模型、贡献模型、亲和模型、趋势模型、变化模型、比较模型、事件序列模型等。

模型和语言有许多种，但易于理解和使用的并不多，实际上，仅有少数几种，将这几种关键模型参数化地组合到一起可表达大量的信息[20]。

2.2.6 决策 Agent 功能描述

决策 Agent 实现对数据挖掘 Agent 所给出的结果进行评价和解释，并与人机界面 Agent、数据挖掘 Agent 及数据预处理 Agent 协调，其逻辑结构如图 2.10 所示。

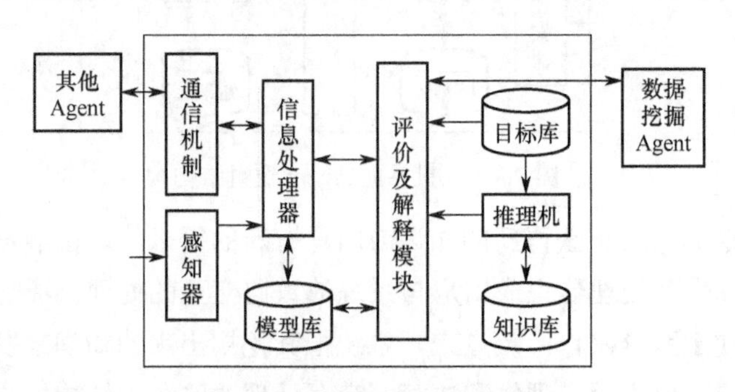

图 2.10 决策 Agent 逻辑结构

2.3　知识发现过程实例分析

2.3.1　实例背景

本实例的实现基于上述智能体的知识发现模型，以某社保项目为实验环境，利用其运行两年多的数据进行数据挖掘，在此过程中实现了模型中提出的部分功能。在社会保险应用系统项目中，根据保险业务的具体情况，挖掘保险业务涉及的数据资源，发现其潜在的数据关系及隐藏的知识，提高保险业务的管理水平，降低风险。

保险本身是一项风险业务，保险公司的一项重要工作就是进行风险评估，风险评估对保险公司的正常运作起着至关重要的作用。保险公司从参保单位获得保金，并为参保单位的职工提供保险。保费和保单的设计都需要比较详细的风险分析，保险公司成功的一个关键因素是在设置具有竞争力的保费和覆盖风险之间保持平衡，保费过高意味着失去市场，而保费过低又影响公司的盈利。评估一项保险投资组合的效果如何，既需要对该投资组合进行整体分析，又需要进行投资组合内部分析。通过整体分析可以判断以前的投资组合是否盈利，而通过投资组合内部的详细分析，可以揭示该投资组合在哪些领域盈利大、哪些领域损失大。整体分析可在总保费和总索赔的基础上用统计的方法来实现，而对其内部的分析则需要更复杂、更精确的方法。

将保险风险分析中一些反复、交互式、探索性的工作看成一种 KDD 过程，利用一些正规的分析方法，获得这一领域中专家所具有的直觉知识，这是数据挖掘技术和社保应用紧密结合的切入点。

一个保险公司投资组合数据库包含用户购买的保单集合。一个保单确保一个标的物的价值不会失去。当标的物损失或丢失时，根据保单，要进行索赔以作为补偿。一个保单在一定的时间内有效，保单的有效时间被称为风险期。在任一时间，投资组合数据库中的保单所对应的风险都是不同的。

保费通常是通过对一些主要的因素（如驾驶员的年龄、车辆的类型等）进行多种分析和直觉判断来确定的。由于投资组合的数量很大，分析方法通常是粗略的。

一项投资组合的绩效通常用前几年的数据来评估。这种分析通常由承保人用来预测将来这项投资组合的绩效，并根据市场的变化和标的物的情况来调整保单等级。每年都要用这种分析来调整来年保费的设置规则。

设置保费有两种极端情况：所有保单都采用同一保费，每一保单根据自身的具体情况来单独设置保费。这两种极端情况都是不实用的。然而，一个好的保费设置应该是接近后者的。保险商更喜欢在设置保费时考虑更多的因素。

数据挖掘就是用来处理大型数据库的，因此它提供了进行保险投资组合数据库分析的环境。随着业务的增长，保险公司一方面要随时接受新参保的单位，另一方面要考虑新参保的单位相应险种的年度收支平衡情况。为了尽可能地为保险公司提供决策支持，采用“年度险金风险评估分类器”的方法来解决保险公司的这一决策分析问题。

利用数据挖掘的分类任务中的决策树方法，根据保险业务险种的不同，把保险业务分类器相应地分为五种，即“养老保险年度险金风险评估分类器”“医疗保险年度险金风险评估分类器”“工伤保险年度险金风险评估分类器”“生育保险年度险金风险评估分类器”“失业保险年度险金风险评估分类器”。这些分类器根据保险公司相应险种的历史记录，对各个已参保单位和新参保单位的年度险金征集额度与拨付额度的平衡程度进行预测。预测的目标类别是年度险金收支平衡的程度，如严重超支、一般超支、收支平衡、略有盈余、显著盈余等。形成分类器的预测变量可根据具体险种的不同特点选择不同数据库的表及表的相应属性列，如缴费比率、单位性质、行业性质、离退休职工比例等因素都可能作为某些分类器的预测变量。

当保险公司准备接受新的企事业单位参加保险时，保险公司就可以根据相应险种的年度险金收支平衡分类器对新参保单位进行年度险金收支平衡预测，从而判断针对该新参保单位保险公司收支平衡的大致范围。该分类器不仅可以对新参保单位进行预测，也可以对老的参保单位新一年的收支平衡进行预测。通过该分类器，保险公司还可以观察影响企业某一险种收支平衡的因素，并相应地做出调整[14-17,20-22]。

2.3.2　数据预处理

在数据预处理过程中，数据来源是某社会保险公司的实际历史数据，这些社保数据存放在 Oracle 7.2 数据库中，数据量为 1.2GB，其中有关工伤保险的数据涉及近 50 个基本表、近 300 个不同的属性。社保历史数据的数据粒度在保单维上以个人保单分布为主、企业保单分布为辅；在时间维上基本以天为分布单位，少量数据以周和月为分布单位。这些历史数据中工伤保险数据的时间跨度近 3 年，涉及的保单总计近 2 万人次，覆盖 9 个不同行业的数百个企业和事业单位。下面以工伤保险为例说明实现过程[20]。

工伤保险的作用是使企业职工在遭受工伤事故和职业病伤害（简称工伤）时，获得医疗保障、生活保障和经济补偿，享受职业康复的权利。企业必须按照有关规定参加工伤社会保险，缴纳工伤保险费用。浮动费率的调整对工伤保险来说是收支平衡的一个关键因素，其实质是在设置对企业合理的保费和覆盖风险之间保持平衡。

在数据预处理阶段进行了计算企业的工资总额水平、计算各级工伤残和死亡水平、计算企业的拨付应缴比、消除由于噪声产生的数据失真、消除数据中的冗余信息、推导计算缺值数据、消除数据中的重复记录、消除“脏”数据、完成数据格式转换等工作。

数据预处理包含如下几个过程。

- 数据抽取过程：根据工伤保险收支平衡分类器预定义的数据处理要求，从原始数据库中抽取相应年份的数据，并根据业务需求进行各种统计工作。
- 数据清洗过程：根据工伤保险收支平衡分类器预定义的数据处理要求，对原始数据库中的数据进行清洗，该过程在数据抽取更新的过程中完成。
- 格式转换过程：从数据集市中把已经经过数据预处理的数据转换成MLC++所要求的*.name和*.test格式的文件，为数据挖掘做好准备。
- 数据验证过程：根据工伤保险收支平衡分类器预定义的数据处理要求，对原始数据库中的数据进行数据验证，该过程在数据抽取更新的过程中完成。

经过数据预处理，得到保险公司索赔信息的数据字典（该表中的独立变量既有离散属性，也有连续属性，连续属性还没有进行离散化），如图2.11所示。

在构造工伤保险年度险金分类器的过程中，我们尽可能地选取有关的独立变量。但是，在这些独立变量中不可避免地会有一些与目标变量无关的属性，如果把所有的变量全部作为数据挖掘算法的输入，将会导致算法生成许多复杂、无用的分类规则。因此，有必要对这些选取的独立变量进行特征选择。

特征选择就是在给出的记录集的所有属性中选择那些与目标类别强相关的属性的过程。特征选择可以减少算法输入的独立变量，使算法执行时间显著减少，可以去掉与目标变量不相关的独立变量，有助于提高算法生成规则的精确度，并大大减少生成规则的数量。

Column Name	Datatype	Length	Precision	Scale	Allow Nulls	Default Valu	Identit	I
单位编码	varchar	15	0	0	☐		☐	
行业性质	decimal	9	18	0	☐		☐	
工资总额水平	float	8	53	0	☑		☐	
一级工伤比例	float	8	53	0	☑		☐	
二级工伤比例	float	8	53	0	☑		☐	
三级工伤比例	float	8	53	0	☑		☐	
四级工伤比例	float	8	53	0	☑		☐	
五级工伤比例	float	8	53	0	☑		☐	
六级工伤比例	float	8	53	0	☑		☐	
七级工伤比例	float	8	53	0	☑		☐	
八级工伤比例	float	8	53	0	☑		☐	
九级工伤比例	float	8	53	0	☑		☐	
十级工伤比例	float	8	53	0	☑		☐	
完全丧失比例	float	8	53	0	☑		☐	
大部丧失比例	float	8	53	0	☑		☐	
部分丧失比例	float	8	53	0	☑		☐	
一级死亡比例	float	8	53	0	☑		☐	
二级死亡比例	float	8	53	0	☑		☐	
三级死亡比例	float	8	53	0	☑		☐	
四级死亡比例	float	8	53	0	☑		☐	
五级死亡比例	float	8	53	0	☑		☐	
年度收支平衡	float	8	53	0	☑		☐	

图 2.11　工伤保险索赔信息数据字典

对生成的数据表进行了特征选择处理，各属性的分类能力直方图如图 2.12 所示。所选的 20 个属性的分类能力的分布范围是[0.4,37.8]。经过反复测试，我们把特征选择的阈值定义为 15，结果有 7 个属性被过滤出来。

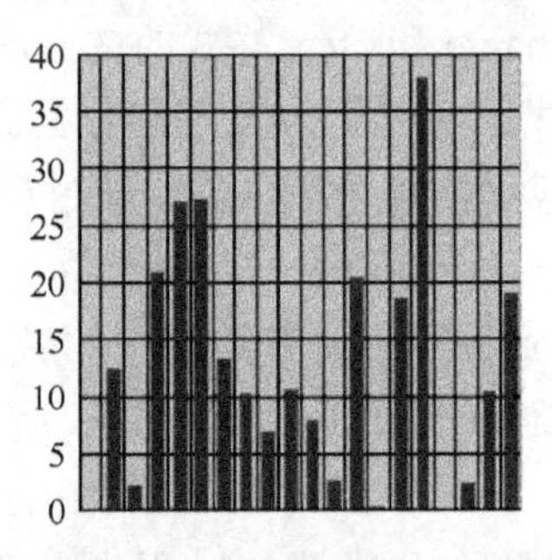

图 2.12　各属性分类能力直方图

把目标分为两类，其中 0 代表支大于收，1 代表收支平衡。数据挖掘的结果生成了一棵在各节点分别根据独立变量做决策的多叉树。本实例系统利用的数据挖掘算法是 SGI 在 1997 年 2 月公布的 Windows NT 操作系统下的 MLC++2.0，利用其中的不同分类算法，形成了多个工伤保险年度险金收支平衡分类器，并取得了较高的精度。例如：利用 ID3 算法生成的分类器的精度如图 2.13 所示（其中采样频率为 70%）。

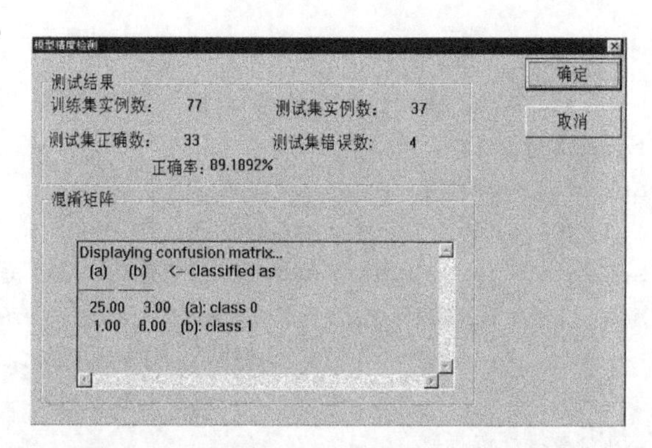

图 2.13　利用 ID3 算法生成的分类器的精度

模型的结果精度为 89.1892%。在生成模型的过程中，算法选取的训练集的实例有 77 个，测试集的实例有 37 个，把 37 个测试集实例用混淆矩阵进行处理的结果是有 33 个实例是正确的，4 个实例是错误的。该测试结果表明数据预处理过程是准确、有效的。

2.3.3　特征选择

1．算法实现

特征选择（Feature Selection）也称特征子集选择（Feature Subset Selection，FSS）或属性选择（Attribute Selection），是指从已有的 M 个特征（Feature）中选择 N 个特征，使得系统的特定指标最优化。它是从原始特征中选择一些最有效特征以降低数据集维度的过程，是提高学习算法性能的一个重要手段，也是模式识别中关键的数据预处理步骤。对于一个学习算法来说，好的学习样本是训练模型的关键。

此外，需要区分特征选择与特征提取。特征提取（Feature Extraction）是指利用已有的特征计算出一个抽象程度更高的特征集，也指计算得到某个特征的算法。特征选择过程一般包括产生过程、评价函数、停止准则、验证过程四部分。算法实例如下[23]：

```
#环境：Python3.6.5
#过滤式特征选择
#根据方差进行选择，方差越小，代表该属性识别能力越差，可以剔除
from sklearn.feature_selection import VarianceThreshold
        x=[[100,1,2,3],
           [100,4,5,6],
           [100,7,8,9],
```

```
   [101,11,12,13]]
selector=VarianceThreshold(1)  #方差阈值
selector.fit(x)
selector.variances_  #展现属性的方差
selector.transform(x)#进行特征选择
selector.get_support(True)  #选择结果后、特征之前的索引
selector.inverse_transform(selector.transform(x))
                              #将特征选择后的结果还原成原始数据
                              #被剔除的数据显示为 0
#单变量特征选择
from sklearn.feature_selection import SelectKBest,f_classif
x=[[1,2,3,4,5],
   [5,4,3,2,1],
   [3,3,3,3,3],
   [1,1,1,1,1]]
y=[0,1,0,1]
selector=SelectKBest(score_func=f_classif,k=3)#选择 3
                              #个特征，指标使用的是方差分析 F 值
selector.fit(x,y)
selector.scores_              #每一个特征的得分
selector.pvalues_
selector.get_support(True)#如果为 true，则返回被选出的特
#征下标；如果为 False，则返回的是一个布尔值组成的数组
selector.transform(x)
from sklearn.feature_selection import RFE
from sklearn.svm import LinearSVC  #选择 svm 作为评定算法
from sklearn.datasets import load_iris #加载数据集
iris=load_iris()
x=iris.data
y=iris.target
estimator=LinearSVC()
selector=RFE(estimator=estimator,n_features_to_select=2)# 选择两
                                                      #个特征
selector.fit(x,y)
selector.n_features_          #给出被选出的特征的数量
selector.support_             #给出被选择特征的 mask
selector.ranking_             #特征排名，被选出特征的排名为 1
#注意：特征提取与预测性能的提升没有必然的联系，接下来进行比较
```

```
    from sklearn.feature_selection import RFE
    from sklearn.svm import LinearSVC
    from sklearn import cross_validation
    from sklearn.datasets import load_iris
    #加载数据
    iris=load_iris()
    X=iris.data
    y=iris.target
    #特征提取
    estimator=LinearSVC()
    selector=RFE(estimator=estimator,n_features_to_select=2)
    X_t=selector.fit_transform(X,y)
    #切分测试集与验证集
    x_train,x_test,y_train,y_test=cross_validation.train_test_spli
t(X,y,test_size=0.25,random_state=0,stratify=y)
    x_train_t,x_test_t,y_train_t,y_test_t=cross_validation.train_t
est_split(X_t,y,test_size=0.25,random_state=0,stratify=y)
    clf=LinearSVC()
    clf_t=LinearSVC()
    clf.fit(x_train,y_train)
    clf_t.fit(x_train_t,y_train_t)
    print('origin dataset test score:',clf.score(x_test,y_test))
    print('selected  Dataset:test  score:',clf_t.score(x_test_t,y_
test_t))
    import numpy as np
    from sklearn.feature_selection import RFECV
    from sklearn.svm import LinearSVC
    from sklearn.datasets import load_iris
    iris=load_iris()
    x=iris.data
    y=iris.target
    estimator=LinearSVC()
    selector=RFECV(estimator=estimator,cv=3)
    selector.fit(x,y)
    selector.n_features_
    selector.support_
    selector.ranking_
    selector.grid_scores_
```

```
#嵌入式特征选择
import numpy as np
from sklearn.feature_selection import SelectFromModel
from sklearn.svm import LinearSVC
from sklearn.datasets import load_digits
digits=load_digits()
x=digits.data
y=digits.target
estimator=LinearSVC(penalty='l1',dual=False)
selector=SelectFromModel(estimator=estimator,threshold='mean')
selector.fit(x,y)
selector.transform(x)
selector.threshold_
selector.get_support(indices=True)
```

2. 运行结果

特征选择分为几类：过滤式特征选择、单变量特征选择、包裹式特征选择、嵌入式特征选择。过滤式特征选择算法根据方差进行选择，方差越小，代表该属性识别能力越差，可以剔除。单变量特征选择算法选择 3 个特征，指标使用的是方差分析 F 值，返回的是一个布尔值组成的数组，该数组只是那些被选择的特征。包裹式特征选择算法选择 svm 作为评定算法，选择两个特征进行特征排名，被选出特征的排名为 1。嵌入式特征选择算法本身作为组成部分嵌入学习算法，将样本划分成较小的子集，选择特征的依据通常是划分后子节点的纯度，划分后子节点越纯，则说明划分效果越好。可见决策树生成的过程也就是特征选择的过程，算法运行结果如图 2.14～图 2.17 所示。

```
array([[ 0,  1,  2,  3],
       [ 0,  4,  5,  6],
       [ 0,  7,  8,  9],
       [ 0, 11, 12, 13]])
```

图 2.14　过滤式特征选择结果

```
array([[ 0,  1,  2,  3],
       [ 0,  4,  5,  6],
       [ 0,  7,  8,  9],
       [ 0, 11, 12, 13]])
```

图 2.15　单变量特征选择结果

```
array([3, 1, 2, 1])

array([ 2,  3,  4,  5,  6,  9, 12, 14, 16, 18, 19, 20, 21, 22, 24, 30, 33,
       36, 38, 41, 42, 43, 44, 45, 53, 54, 55, 58, 61], dtype=int64)
```

图 2.16　包裹式特征选择结果

```
array([ 2,  3,  4,  5,  6,  9, 12, 14, 16, 18, 19, 20, 21, 22, 24, 30, 33,
       36, 38, 41, 42, 43, 44, 45, 53, 54, 55, 58, 61], dtype=int64)
```

图 2.17 嵌入式特征选择结果

2.4 研究现状与发展趋势

随着计算机的广泛应用、数字网络和通信技术的发展，知识发现的提出为大规模数据源的存储和管理提供了技术支持。数据挖掘和知识发现可以智能地把规模庞大的数据转化为可利用的知识。作为新的研究领域，数据挖掘和知识发现涉及模式识别、数据库和人工智能等多个学科。数据挖掘和知识发现得到了广泛应用与发展[24]。知识发现不能无中生有地创造知识，而是通过基于人的思维对知识发现、认识过程的模拟，发现已知经验数据中蕴含的关系、规律和有用知识。它是识别出存在于数据库中那些被认为有效的、新颖的、更深层次的、有潜在价值的、可理解的模式的过程。基于知识发现的数据挖掘则是揭示出隐含的、先前未知的、具有潜在价值的信息的过程[25]。Fayyad、Piatetsky Shapiro 和 Smyth 在 1996 年的一次国际会议上提出“知识发现与数据挖掘是有根本区别的”。前者是从数据库中的大量数据中揭示并发现知识的全过程，而后者则是知识发现全过程中的一个特定环节和步骤。虽然几位学者对知识发现和数据挖掘进行了定义并加以区分，但在学术界相关讨论中仍存在两种现象：一种是偏向于使用数据采掘这个术语；另一种是在现今的文献中，对知识发现和数据挖掘这两个术语仍然不加区分地使用[27]。

国际上，对知识发现的关注由来已久。第十一届国际人工智能联合会议首次提出了知识发现（KDD）这一概念，其是发掘、提取、组织隐含在大量数据中的未经开发的可信信息与知识的过程[28]。随着 KDD 专题讨论会向国际会议年会的进阶，学者们对知识发现的关注从算法到对知识的表示、分析和运用等不断向纵深发展，研究者们对涉及知识发现模式的关联规则、决策树等问题也愈加关注。我国对知识发现的关注始于 1997 年，起步较晚。目前，知识发现的研究焦点主要在知识发现算法、知识发现任务、知识发现结果分析与评价等方面，由于研究对象与方法的不同，研究者们对知识发现的关注形成了以下趋势：针对数据库对象的知识发现研究强调效率，采用计量方法的知识发现研究关注结果的正确性，适用于经济学的知识发现研究致力于实现价值的最大化，应用于机器学习的知识发现研究则关注发现结果的有效程度。其中，从针对数据库对象的知识发现研究类型来看，主要包括对数据库、范例库和知识库的发现研究。这些知识发现研究的应用，不同程度地推进了数据库的发展进程，使数据库技术实现了潜在关联关系的深度开发，不再仅仅停留于数据的查询和浏览阶段，促进了数据库技术对潜在、可理解、可信且新颖的数据的提取与加工，促进了有用信息的开发[29]。而基于范例库的知识发现可实现范例知识的深度自动化获取，使以往范例的知识或经验能够被用来求解相似问题。知识库的知识发现主要是基于知识库对知识资源进行归纳、演绎以获取事实或规则知识的机器学习过程[24]。

从知识生命周期来看，知识发现的过程是从问题定义、数据探索、数据算法到数据挖掘的过程。从数据库知识发现来看，知识发现包括数据预处理、数据挖掘、关联数据生成和数据表示几个阶段。关联数据的出现简化了以往知识发现的复杂运算问题。关联数据通过描述逻辑引入语义网技术，提升了半结构化与非结构化文档的知识发现能力，也增强了结果的语义验证能力。语义网络环境下的知识发现的研究，可被看成一个具有牢固语义关联基础的知识结构与知识扩散的优化的过程，这种知识发现是通过数据挖掘等技术提炼知识关联数据，使机构知识库知识结构与知识扩散模式更明确、更具体、更有用。关联数据的出现将知识发现从过去的以数据库为中心逐渐转变为以网络数据为中心，在数据组织形式发生巨变的前提下研究和实现关联数据知识发现理论、方法和技术，最终实现应用与推广，这将是未来知识发现新的发展方向[24]。

2.5 本章小结

KDD 模型可分为面向过程的 KDD 模型、面向用户的 KDD 模型及面向知识的 KDD 模型。面向过程的 KDD 模型把 KDD 看成面向过程的多处理阶段，数据挖掘只是其中的一部分功能，整个过程流程清晰，使得我们可以从整体上对数据库中的知识发现有一个全面的认识。面向用户的 KDD 模型更强调用户对知识发现的整个过程的支持，而不是仅限于数据挖掘的一个阶段，注重对用户与数据库交互的支持，用户根据数据库中的数据，提出一种假设模型，然后选择有关数据进行知识挖掘，并不断对模型的数据进行调整优化。面向知识的 KDD 模型旨在把知识（包括先验知识和已发现的知识）体现在整个知识发现过程中，使挖掘更具有智能性。

本章对 Agent 的特性进行了概述，把多智能体技术引入数据挖掘，给出了一个基于 Agent 的知识发现模型，用 Agent 来描述数据挖掘过程的各阶段，整个知识发现的过程即一个多智能体系统，利用 Agent 本身具有的知识（领域知识、通信知识、控制知识）、目标及推理、决策、规划、控制等能力，以及自治性、社会性、反应性、预动性等特性，并且在此模型中引入软计算技术，可以实现整个挖掘过程的智能化。

本章通过对社保系统项目中的数据进行处理，实现了数据挖掘中的部分功能，能使读者对数据挖掘的整个过程有更为深刻的理解。

参考文献

[1] Xiaohua Hu. Knowledge Discovery in Databases: An Attribute-oriented Rough Set Approach[D]. the thesis for the degree of Doctor of Philosophy, Regina, Saskatchewan, June, 1995.

[2] 张维明, 邓苏, 等. 信息系统建模技术与应用[M]. 北京: 电子工业出版社, 1997.

[3] A B Patki, G V Raghunathan, etc. Soft Computing for Evolutionary Information Systems–Potentials of Rough Sets.WSC4 Technical Sessions.

[4] 杨炳儒, 申江涛. 关于 KDD 的一类开放系统 KDD*的研究[J]. 计算机科学, 2000, 27(2): 83-87.

[5] Usama Fayyad, et al. The KDD process for Extracting Useful Knowledge from volumes of Data[J]. Comm. ACM, 1996, 39(11): 27-34.

[6] Fayyad U M, Piatetsky-Shapiro G, Smyth P. From Data Mining to Knowledge Discovery: An Overview, Advances in Knowledge Discovery and Data Mining. AAAI/MIT Press, 1996.

[7] Fayyad U M, Piatetsky-Shapiro G, Smyth P. Knowledge Discovery and Data Mining: Towards a Unifying Framework. Proceedings of the Second International Conference on Knowledge Discovery and Data Mining (KDD-96), Portland, Oregon, August 2-4, 1996, AAAI Press.

[8] Fayyad U M, Piatetsky-Shapiro G, Smyth P. From Data Mining to Knowledge Discovery in Databases[J]. AI Magazine, Fall, 1996, 37-54.

[9] John G H. Enhancements to the Data Mining Process[D]. Ph.D thesis of Stanford University, 1997.

[10] Brachman R J, Anand T. The Process of Knowledge Discovery in DataBases: A Human-centered Approach. In: Adavance In Knowledge Discovery And Data Mining.

AAAI/MIT Press, 1996.
[11] 石纯一, 张伟. 基于 Agent 的计算[M]. 北京: 清华大学出版社, 2007.
[12] 杨鲲, 翟永顺, 刘大友. Agent: 特性与分类[J]. 计算机科学, 1999, 26(9): 30-34.
[13] 梁义芝, 刘云飞. 基于 Multi-agent 技术的决策支持系统[J]. 计算机科学, 1999, 26(8): 50-52.
[14] 张月春, 常桂然. 工伤保险风险评估分类和数据预处理的研究[C]. 1999 国际香港——青岛会议论文集.
[15] 徐茜, 常桂然. 可视化在知识发现中的研究与应用[C]. 1999 国际香港——青岛会议论文集.
[16] 邵华, 常桂然，等. 结合数据聚类处理的 KNN 算法研究[C]. 第四届中国计算机智能接口与智能应用学术会议论文集, 1999.
[17] 何耀东, 常桂然，等. 数据挖掘工具 DMTools 的设计与实现[J]. , 中国图形图象学报, 1999.
[18] 夏幼明, 徐天伟, 张春霞. Agent 系统的推理模型与知识库组织结构的研究[J]. 计算机科学, 1999, 26(11): 13-15.
[19] Daphne Koller and Jack Breese. Belief Networks and Decision-Theoretic Reasoning for AI. http://www. aaai. org/conferences/National/1997/Tutorials/sa1.html
[20] 张月春. 知识发现中数据预处理技术的研究与实现[D]. 沈阳：东北大学, 2000.
[21] 徐茜. 知识发现中的数据采样和可视化方法的研究与实现[D]. 沈阳：东北大学, 2000.
[22] 邵华. 体现过程可视化的数据挖掘工具的研究与实现[D]. 沈阳：东北大学, 2000.
[23] 飘的心. Python 进行特征提取[EB/OL]. https: // blog.csdn.net/piaodexin/article/details/77452693, 20170821.
[24] 赵夷平. 基于关联数据的机构知识库资源聚合与知识发现研究[D]. 长春：吉林大学, 2018.
[25] 梁娜, 张晓林. 机构知识库的互操作需求和互操作规范框架[J]. 现代图书情报技术, 2013(9): 1-7.
[26] 张晓林. 机构知识库的发展趋势与挑战[J]. 现代图书情报技术, 2014(2): 1-6.
[27] 郎庆华. 基于知识管理的机构知识库服务体系构建探析[J]. 情报理论与实践, 2011, 34(9): 64-67, 114.
[28] 赵瑞雪, 杜若鹏. 中国农业科学院机构知识库的实践探索[J]. 现代图书情报技术, 2015(2): 72-77.
[29] 邱均平. 专题: 知识组织的热点与前沿[J]. 情报理论与实践, 2015, 38(1): 1.

第 3 章

基于软计算的知识表示方法研究

3.1 知识表示概述

机器要有智能，至少应该满足以下几个要求：

（1）拥有知识；

（2）具备某种推理能力（如通过匹配和搜索等技术）；

（3）具备某种继续获取知识的能力（或称学习能力）。

如何表示知识是人工智能研究的重要分支之一。

数据表示是数据处理的基础，知识表示是知识处理的基础。不同的知识需要不同的形式和方法来表示。知识表示既要能表示体现事物间结构关系的静态知识，又要能表示如何对事物进行各种处理的动态知识；既要能表示各种各样的客观存在的事实，又要能表示各种客观规律和处理规则；既要能表示各种精确、确定和完全的知识，又要能表示复杂、模糊、不确定和不完全的知识。是否有合适的知识表示方法是知识处理的关键。下面首先对几个基本概念加以描述[1,2]。

数据：客观事物的属性、数量、位置及其相互关系等的抽象表示。

信息：数据所表示的含义（或称数据的语义）。也可以说信息是对数据的解释，而数据是信息的载体。

知识：知识是以各种方式把一个或多个信息关联在一起的信息结构。简言之，知识是一个或多个信息之间的关联（关系或联系）。如果把不与任何其他信息关联也看成一种特殊的关联方式（不关联），则可把单个的信息看成知识的特例，称为原子事实。知识亦可解释为一种分层次关联的信息结构。把知识用 BNF 形式化地定义如下：

<知识>::=<信息列><关联><信息列>|<信息列><关联><知识列>|
<知识列><关联><信息列>|<知识列><关联><知识列>|

```
<信息列>::=<信息>|(<信息>的一个序列)
<知识列>::=(<知识>的一个序列)
<关联>::=<各种关联运算符>
```

知识的属性如下。

（1）真理性：知识有真伪可言，可通过实践检验其真伪或用逻辑推理证明其真伪，知识的真理性也可称为知识真伪的可判定性。

（2）相对性：一般而言，知识的真理性是有条件和环境要求的。

（3）不完全性：大致可分为条件不完全性和结论不完全性两类。前者是指由于客观事物本身表露不完全而使人们对事物产生的条件或客观原因认识不清，后者是指在给定条件（或环境）下得出的结论缺少一部分或结论仅仅部分正确。

（4）模糊性与不精确性：现实中知识的真与假，往往并不是非真即假，而可能处于某种中间状态，或者说具有真与假之间的某个“真度”。另外，知识中包含的某些数量、位置、关系等概念存在模糊性和不精确性。

（5）可表示性：可以用各种方式表示出来，如用符号的逻辑组合、图形的方式、物理方法（如机械方法、电子方法、生物方法等）。

（6）可存储性（可记忆性）：既然知识可用各种方法表示出来，就可以把它存储起来，如存储在书本、磁盘或光盘乃至大脑中。

（7）可传递性：可通过书本、广播、计算机网络等传递知识，尽管在传递过程中其形式可能改变。

（8）可处理性。

（9）相容性（无矛盾性）。

常用的知识表示方法有一阶谓词逻辑表示法、关系表示法（或称特征表表示法）、产生式规则表示法（相应的系统称为基于规则的系统）、结构化表示法（或称图解法，如框架、语义网络、常式、定型格式、规则模型等，相应的系统称为基于模型的系统）等。

3.1.1 一阶谓词逻辑表示法

一阶谓词逻辑表示法是最直观、最自然且使用方便的一种知识表示方法。它的表达能力较强，它所能表达的范围依赖于原子谓词的种类和语义。形式上，任一谓词表达式都由原子谓词的集合经由各种逻辑运算的组合和两种量词的约束形成，可以用 BNF 描述如下：

```
<值>::=<各种类型的值>
<变元>::=<变元名>
```

```
<原子谓词>::=<谓词名>[(<变元>,….)]
<原子命题>::=<谓词名>[(<值>,….)]
<原子>::=<原子命题>|<原子谓词>| (<谓词表达式>)
<因式>::=<原子>| ¬<原子>
<与式>::=<因式>|<与式>∧<因式>
<或式>::=<与式>|<或式>∨<与式>
<蕴含式>::=<或式>| (<或式>)→ (<或式>)
<谓词表达式>::=<蕴含式>∀|(<变元>,…)(<蕴含式>)|∃(<变元>,…)(<蕴含式>)
```

在实际应用中，原子谓词在一个特定领域范围内的一个谓词集合中选取，构成一个原子谓词的特定集合。原子谓词用其谓词名、变元名及值的形式表示谓词的语义。在构成合法的谓词表达式的过程中，只有满足特定约束条件的那些与式、或式和蕴含式是合法的，最终构成的谓词表达式也必须满足一定的约束条件。

3.1.2　关系表示法

关系表示与一阶谓词在某种意义上具有一一对应的关系。关系 $R(D_1,D_2,\cdots,D_n)$ 是论域 D_1, D_2, $\cdots D_n$ 上的叉积 $D_1\times D_2\times\cdots\times D_n$ 的一个子集，对应的论域上的谓词 $P(x_1,x_2,\cdots,x_n)$，$x_i\in D_i$（i=1, 2, $\cdots$, n)，使得当且仅当关系中的元组（或记录）$(x_1,x_2,\cdots,x_n)$ 属于关系 $R(D_1,D_2,\cdots,D_n)$ 时，$P(x_1,x_2,\cdots,x_n)$ 为真。

当用关系表示规则时，前提或结论中若包含变量，则可用元组函数来表示。如果把谓词中的部分变元约束为相应论域中的固定的值，如把变元 $x_2,x_3,\cdots,x_n$ 分别固定为值 $d_2,d_3,\cdots,d_n$，其中 d_i 为 D_i 中的常数，则得到一个受限谓词 $P(x_1,d_2,d_3,\cdots,d_n)$，其中 x_i 是变元。元组函数 $(x_1,d_2,d_3,\cdots,d_n)$ 所生成的所有元组是原关系 $R(D_1,D_2,\cdots,D_n)$ 中使谓词 $P(x_1,d_2,d_3,\cdots,d_n)$ 为真的那些元组。

3.1.3　产生式规则表示法

知识的产生式规则表示法较适合于因果关系的表示，在语义上，它表示“如果 A 则 B”的因果或推理关系。一个产生式的一般形式为 $P\leftarrow Q$，表示如果前提 Q 满足则可推出结论 P（或应该执行动作 P)。

产生式规则可由与/或树表示，如图 3.1 所示，其中带圆弧的分支线表示与的关系，不带圆弧的分支线表示或的关系。

一个用产生式表示的知识是一组产生式的有序集合，用 BNF 描述如下：

```
<谓词>::=<谓词名>[(<变元>,….)]
<动作>::=<动作名>[(<变元>,….)]
<前提>::=空|<谓词>,….
```

```
<结论元>::=<谓词>|<动作>
<结论>::=空|<结论元>,….
<产生式>::=<结论>← <前提>
<产生式知识>::=<产生式>,….
```

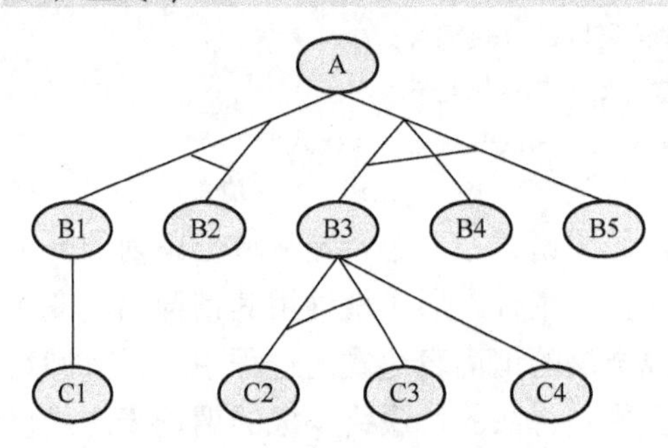

图 3.1　产生式规则的与/或树表示

3.1.4　框架表示法

20 世纪 70 年代初，M.Minsky 提出了框架理论，基于心理学的证据他认为，人们在日常的认知活动中使用了大量从以前的经验中获取并经过整理的知识。该知识以一种类似框架的结构存储在人脑中，当人们面临新的情况或对问题的看法有很重要的变化时，总是从自己的记忆中找出一个合适的框架，然后根据实际情况对它的细节加以修改、补充，从而形成对所观察的事物的认识。所以框架提供了一种结构，其中的新数据将用从过去经验中获取的概念来解释。知识的这种组织化，使人们面临新情况时能从旧经验中进行预测，引起对有关事项的注意、回忆和推理，所以它是一种理想的知识的结构化表示方法。同时，框架也是一种表示定型状态的数据结构，它的顶层是某个固定的概念、对象或事件，其下层由一些被称为槽的结构组成。每个槽可以按实际情况被一定类型的实例或数据所填充（或称赋值），所填写的内容称为槽值。框架是一种层次数据结构，框架下层的槽可以看成一种子框架，子框架本身还可以进一步分层次。

框架可以看成关系表示的推广，它由框架名、槽和约束条件三部分组成，每一部分有名称和对应的值。用 BNF 描述如下：

```
<框架名的值>::=<符号名>|<符号名>(<参数>,….)
<参数>::=<符号名>
<槽名>::=<系统预定义槽名>|<用户定义槽名>
<槽值>::=<静态描述>|<过程>|<谓词>|<框架名的值>|<空>
<静态描述>::=<数值>|<字值>|<特殊符号>|….
```

<过程>::=<动作>|<动作>,….|<主语言的一个过程>
<槽>::=<槽名><槽值>
<槽部分>::=<槽>,….
<约束部分>::=约束<约束条件>,…
<框架头>::=框架名<框架名的值>
<框架>::=<框架头><槽部分>[<约束部分>]

其中，框架名和约束都是关键保留字。

3.1.5　语义网络表示法

所谓语义是指语言学的符号和表达式同它所描述的对象（含义）之间的关系。语义网络[最初由 Quillion 和 Raphael（1968）提出]用来表达英文的语义。它又是以网络格式表示人类知识构造的一种形式。语义网络既可作为人类联想记忆的心理学模型，又可作为计算机内部表达知识的一种格式。

表达人类知识的任何格式都必须具有两种功能，一种是表达事实性的知识，另一种是表达这些事实之间的联系，即能够从一些事实找到另一些事实的信息。这两种功能可以用两种不同机制来实现，如用一系列的谓词演算来表达事实，再用一定形式的索引和分类来表达事实之间的联系。然而，语义网络的特点是用单一的机制来表达这两种内容。

不管语义网络的具体形式有什么差别，它们的基本特点是相同的，它们都由节点和连接节点的弧组成，其中节点表示领域中的物体、概念或势态，而弧则表示它们之间的关系。此外，节点和弧都可以拥有标号，如图 3.2 所示。

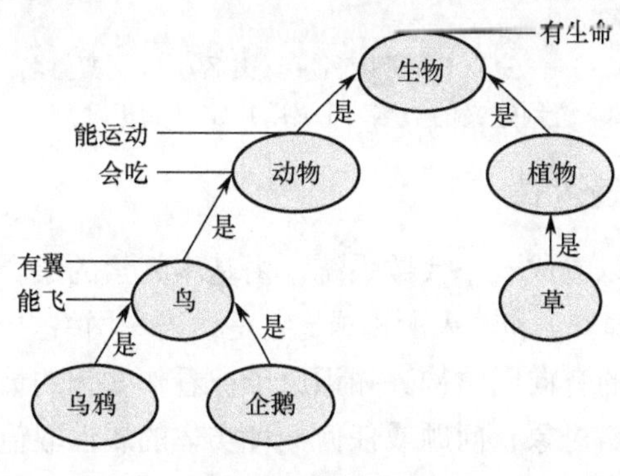

图 3.2　语义网络

语义网络实质上是一个带标识的有向图，有向图的节点表示各种事物、概念、属性及知识实体等，有向边表示各种语义联系，指明其所连接的节点之间的某种关系。

一个语义网络（SN）可形式化地描述为 SN={N, E}，其中 N 是一个以元组或框架标识的节点的有限集，E 是连接 N 中节点的带标识的有向边的集合。节点上的元组或框架描述了该节点的各种属性值，有向边上的标识描述了该有向边所代表的语义联系。其语法结构可用 BNF 描述如下：

```
<语义联系>::=<系统预定义的语义联系>|<用户自己定义的语义联系>
<属性-值对>::=<属性名>:<属性值>
<节点>::=(<属性-值对>,….)
<基本网元>::=<节点><语义联系><节点>
<语义网络>::=<基本网元>|Merge(<基本网元>,….)
```

其中 Merge 是一个合并过程，它把作为参数出现的所有基本网元中相同的节点都合并为一个，从而把那些基本网元合并到一起，成为一个语义网络。

3.1.6 面向对象表示法

对象类的形式定义如下：

```
Class 〈类名〉 [:〈超类名〉]
       [〈实例变量表〉]
  Structure
       〈对象的静态结构描述〉
  Method
       〈对于对象的操作方法的定义〉
  [Restraint
            〈限制条件〉]
   End [〈类名〉]
  〈实例变量表〉:: =〈空〉|〈变量名〉:〈类名〉{,〈变量名〉:〈类名〉}
  〈类名〉:: =〈系统预定义的类名〉|〈用户定义的类名〉
```

3.1.7 知识表达式

知识表达式可以看成一个代数系统，由基本元素的集合和作用在这个集合上的一组运算（或演算）和约束所构成。它是比语义网络更一般的知识网结构，相当于一个带标识的有向图结构。知识原子被看作知识的最小构成单位；知识因子用以描述事物、对象、问题或任何一种实体的属性取值情况，也可以描述各种谓词；知识项用以表示知识因子之间的关系或语义联系。其定义如下。

定义 1：设 A 是一个属性名（用来标识属性）的集合，对每一个 $a \in A$，有一个对应的论域 D（一个集合），2^D 表示 D 的幂集。知识原子定义为下列三种表示之一。

① $a=V$，其中 $a\in 2^D$，语义上表示“属性 a 取 V 为值”；

② $a\in V$，其中 $a\in A$，$V\in 2^D$，语义上表示“属性 a 取 V 中元素为值”；

③ $a=x$，其中 $a\in A$，x 是一个变量名，语义上表示“属性 a 取变量 x 为值”。

定义 2：一个知识因子定义为由一个因子名及一组知识原子构成的对：[f_n，($K_{a1}, K_{a2}, \cdots, K_{am}$)]，其中 f_n 是一个符号名，用以标识该知识因子，K_{ai}（i=1, 2, …, m）为知识原子。其语义表示知识因子 f_n 中各属性的取值情况，原则上 K_{ai} 的书写次序是无关紧要的。

定义 3：设 f_1 和 f_2 是两组知识因子（允许两者有非空的交集），op 是一种语义联系（或关系）运算，则称 f_1 op f_2 为一个无名知识项。知识项可以命名，从而表示为（t_n，f_1 op f_2），其中的知识项名 t_n 由一个符号名表示。

定义 4：设 T 是所有知识项组成的集合，2^T 表示 T 的幂集，TS 是 2^T 的一个元素（TS 是 T 的一个子集），en 是一个符号名，则有序对（en，TS）称为一个知识表达式，en 称为该知识表达式的名，TS 称为该知识表达式的外延。

定义 5：一个知识表达式是一个一阶领域分支知识。设 K 是一个领域分支知识的集合，KS$\subseteq K$ 是 K 的一个子集，Kbn 是一个符号名，则有序对（Kbn，KS）称为一个比 K 中的领域分支知识高一阶的领域分支知识。其中 Kbn 称为该领域分支知识的名，KS 是该领域分支的外延。因此，领域分支知识的定义是递归的。

定义 6：一个领域知识由一个领域分支知识定义。

知识表达式的 BNF 表示如下：

```
<知识原子>::=<属性名>=<属性值>|<属件名>∈<属性值>|<属性名>=<变量名>
<知识因子>::=([<知识因子名>,](<知识原子>{<知识原子>}))|
            <一元运算><知识因子>
<知识项>::=<知识因子>|([<知识项名>,](<知识因子[名]集>op<知识因子[名]集>))
<知识表达式>::=([<知识表达式名>,]<知识项集>)|
              ([<知识表达式名>,]<知识项名集>)
<领域分支知识>::=([<领域分支知识名>,]<知识表达式[名]集>)|
                 ([<领域分支知识名>,]<领域分支知识[名]集>)
<一元运算>::=¬|∀|∃|Copy|Project|…
<OP>::=ISA|IS-COMPOSED-OF|HAVE|IS-SIMILAR-TO|IF-THEN|
      IF-NOT-THEN|INDUCE|…
<知识因子[名]集>::=(<知识因子[名]的一个集合>)
<知识项[名]集>::=(<知识项[名]的一个集合>)
<领域分支知识[名]集>::=(<领域分支知识[名]的一个集合>)
<知识表达式[名]集>::=(<知识表达式[名]的一个集合>)
```

```
<知识因子名>::=<符号名>
<知识项名>::=<符号名>
<知识表达式名>::=<符号名>
<领域分支知识名>::=<符号名>
<属性名>::=<符号名>
<属性值>::=<相应论域的一个子集>
<论域>::=<知识因子名集>|<知识项名集>|<知识表达式名集>|
        <过程>|<整数>|<实数>|<布尔值>|<字符串>|<谓词>
```

3.1.8 模糊知识表示方法

上述知识表示方法都是精确的知识表示法，它们基于经典的二值逻辑及精确的数学工具。但在现实世界中大部分事物仍是表露不全、不精确和模糊不清的，用二值逻辑和精确数学方法是很难准确描述的。如何处理具有不完全性、不精确性和模糊性的知识对于真正地反映现实世界是非常有意义的。因此，模糊知识表示一直是知识表示研究中的重要问题。下面给出一种模糊数据定义的BNF描述。

```
<模糊数据>::=DATABASE  dbname:<论域定义><值集定义><关系定义>
<论域定义>::=DOMAIN   <论域说明>
<值集定义>::=VALUESET  <值集说明>
<关系定义>::=RELATION  <关系说明>
<论域说明>::={domainname: <论域>;}
<论域>::=INTEGER|REAL|….
<值集说明>::=<非模糊值集说明>|<模糊值集说明>
<非模糊值集说明>::={valuesetname  IS domainname;|valuesetname IS
<论域>;}
<模糊值集说明>::={<值集> ON <论域> WHERE <模式>|
                <值集> ON domainname WHERE <模式>}
<值集>::=valuesetname IS (valuesetelement [{, valuesetelement}])
<模式>::=<隶属函数>|<隶属度表>|<模糊中心数>|<模糊区间数>|<模糊集合数>|….
<隶属函数>::=FUNCTION {valuesetelement=f; }
<隶属度表>::=TABLE {valuesetelement=({domainelement/u,});}
<模糊中心数>::=FUZZYCENTERNUMBER{valuesetelement=(do mainele ment,r,
p);}
<模糊区间数>::=FUZZYINTERVAL
            {valuesetelement=[domainelement, domainelement, p ] ; }
r::=<实数>
p::=<大于 0 且小于或等于 1 的实数>
```

```
    <关系说明>::={<非模糊关系说明>|<模糊关系说明>}
    <非模糊关系说明>::=relationname([relationelement:]valuesetname |
                    [relationelement:]<值集说明>[{,[relationele ment:]
valuesetname |
                    [relationelement:]<值集说明>}])
    <模糊关系说明>::=relationname(u,[relationelement:]valuesetname |
                   [relationelement:] <值集说明>[{,[relationele ment:]
valuesetname |
                   [relationelement:]<值集说明>}])
```

其中，范式中大写字母串表示系统的保留字，小写字母串表示标识符，符号{}表示其中内容至少重复一次，[ ]表示其中内容任选。

1．模糊谓词表示法

在传统的二值逻辑中，谓词可看作命题函数，其值为真或假。而模糊谓词可以有两种定义：

（1）把模糊谓词定义为取值为[0, 1]的命题函数，0 表示假，1 表示真，其间的值表示不真不假的模糊状态，值越大越真。

（2）把模糊谓词定义为“语言真值”的命题函数。“语言真值”用[0, 1]上的模糊子集表示，它们在语义上表示一种真假的程度，模糊谓词就取这些模糊子集为值。

2．模糊规则（或模糊产生式）表示法

规则的一般形式是：IF 条件 THEN 动作（或结论），模糊化的工作可以从以下几方面进行。

（1）把条件模糊化，即用一个模糊谓词公式来替代条件，并定义一种模糊匹配原则，若规则的条件能被目前已知的对象模糊地匹配上，就可应用该规则，模糊地推出一个（模糊）结论，或模糊地执行一个（模糊）动作。

（2）把动作或结论模糊化，即使动作或结论具有一种可信度（以[0, 1]表示）。或者结论就是一个模糊谓词，表示一个模糊概念；或者动作本身就是一个模糊动作。

（3）设置阈值 τ（$0<\tau<1$），只有当条件谓词公式的真值大于或等于 τ 时，该规则才可用。

（4）设置规则的可信度（或模糊度）CF（$0<CF\leqslant 1$），在推理中，它将以某种形式影响结论或动作的可信度，可看成对 THEN 的模糊化。

3. 模糊框架表示法

框架可看成关系的一种推广，对框架的模糊化可从以下几方面进行。

（1）槽的值允许是模糊数据、模糊动作或模糊过程。这使得很多模糊现象可以表示在框架中，从而提升了框架的表达力。

（2）把框架与框架之间的各种关联模糊化，使得关联并非不是有就是无，可以允许有各种中间状态。特别地，应使继承关系模糊化，即在任意两个具有直接继承关系的框架之间，设一个“继承因子”或“继承强度”i（$0<i\leqslant 1$），然后设计一种计算间接继承强度的公式，当间接继承强度小于某设定的阈值 τ（$0<\tau<1$）时，就认为它们之间不再有继承关系。

（3）框架中限制条件的模糊化，即允许用各种模糊谓词公式来表示限制条件，条件是否满足也用一个阈值来控制，条件真值大于或等于该阈值时为满足，否则为不满足。

（4）在一些需要激活并执行一个过程的地方可以外加一个模糊谓词作为判断条件，只有当判断条件的真值超过某个阈值时，才把过程激活并执行，使得对事物的描述更精细。

4. 模糊语义网络表示法

语义网络从图论的角度看是一个带标识的有向图，有向图的节点表示各种事物、概念、属性及知识等实体；有向图的边表示实体之间的各种语义联系，指明其所连接的节点间的某种关系；边上的标识符表示语义联系的名称，它在某种意义上表示了相应语义联系的语义。把语义网络模糊化，可从以下几方面进行。

（1）节点内容的模糊化，因为语义网络中节点一般可用一个属性表或框架来表示，所以节点内容的模糊化其实就是把属性表或框架模糊化，包括属性或槽的值允许为各种模糊数据或模糊动作等。

（2）语义联系的模糊化，定义各种模糊语义联系，从而可建立各种模糊继承关系。最为直接的方法是在原语义联系的标识符之外，外加一个“联系强度”c（$0<c\leqslant 1$），然后采用某种公式来计算间接联系强度，当间接联系强度小于某个设定的阈值时就认为两者不再有此种联系。

以上介绍的模糊知识表示方法都是对精确知识表示方法的模糊化，采用的策略：一是使表示的数据为模糊数据，使其能表达一些具有模糊性的知识；二是对一些运算或操作以某种方式模糊化，使其可以表示不同实体之间模糊的动态关系。

3.2　基于粗糙集的不确定知识表示方法

传统的知识表示模型对知识的描述是确定、清晰的，即被描述的对象具有或不具有某种属性是明确的。然而，在现实世界中，人们常常要在领域信息不完整、不确定、不精确的前提下完成对事物的认识、分析、推理、判断、预测和决策。这种智能行为往往要求人们对未知的信息进行估计、推测，对不完整数据进行分析、处理，对已知的证据进行分辨、扬弃。

粗糙集理论是 1982 年由 Z. Pawlak 提出的一种刻画不完整性和不确定性的数学理论，它从新的角度对知识进行了定义，把知识看作关于论域的划分，从而认为知识是有粒度的，知识的不精确性是组成论域知识的颗粒太大引起的。粗糙集理论的主要特点之一是它仅利用数据本身所提供的信息，不需要任何附加信息或先验知识，从这个角度来说它比证据理论、模糊集理论、统计学等更为方便，它是一种有效地分析和处理不确定知识的新的数学工具。文献[3]中基于粗糙集理论，定义了用于知识表示的特征集和原子概念，并在此基础上提出了一种基于粗糙集理论的知识表示特征集模型[4]。

3.2.1　知识、划分与等价关系

知识在不同的范畴内有多种不同的含义。在粗糙集理论中，知识被认为是一种对对象进行分类的能力。

定义 1：设 $U \neq \Phi$ 是人们感兴趣的对象组成的有限集合，称为论域。任何子集 $X \subseteq U$，称为 U 中的一个概念或范畴。空集也被认为是一个概念。U 中的一族概念就称为关于 U 的知识。

定义 2：设 $U \neq \Phi$ 是论域，$C=\{X_1, X_2, \cdots, X_n\}$，使得 $X_i \subseteq U$，$X_i \neq \Phi$，$X_i \cap X_j = \Phi$，对 $i \neq j$，$i, j=1, 2, \cdots, n$，且 $\bigcup_{i=1}^{n} X = U$，则称 C 为一个划分。X_i 称为划分 C 的一个等价类。U 上的一族划分称为关于 U 的一个知识库。U 上的一个划分与其上的一个等价关系是等价的。每一个等价关系描述的是论域 U 上的某一个属性，即属性亦可看作一个等价关系。

3.2.2　信息表、不可分辨关系和基本集

一个知识表示系统 S 可表示为 $S=<U, \mathrm{At}, \mathrm{Val}, f>$，$U$ 是论域，At 是属性集，$\mathrm{Val}=\bigcup_{a\in \mathrm{At}} \mathrm{Val}_a$ 是属性值的集合，$f: U \times \mathrm{At} \to \mathrm{Val}$ 是一个信息函数，它指定 U

中每一对象的属性值。由这样的属性–值对就构成了一张表，称为信息表。有时，针对某类问题，$\mathrm{At}=C\cup D$，C 和 D 分别称为条件属性和决策属性，此时称信息表为决策表。

不可分辨关系是粗糙集理论中一个十分重要的概念，它是一族等价关系集合的最细划分，该关系中的每一个等价类不能由原等价关系族的任一等价类再细分，称之为基本集合。不可分辨关系揭示了知识的颗粒状结构，基本集就是组成论域知识的颗粒。

3.2.3 粗糙集的下近似、上近似及边界区

给定一个有限的非空集 U，称为论域，R 为 U 上的一族等价关系。R 将 U 划分为互不相交的基本等价类，二元对 $K=(U, R)$构成一个近似空间。

定义 3：设$U\neq\Phi$是论域，$X\subseteq U$，ω 为 U 中的一个对象，$[\omega]_R$表示所有与 ω 不可分辨的对象组成的集合，即由 ω 决定的等价类。当集合 X 能表示成基本等价类组成的并集时，称集合 X 是可精确定义的；否则，集合 X 只能通过逼近的方式来刻画。

集合 X 关于 R 的下近似：

$$R\_(X)=\{\omega\in U: [\omega]_R\subseteq X\} \tag{3.2.1}$$

集合 X 关于 R 的上近似：

$$R^{-}(X)=\{\omega\in U: [\omega]_R\cap X\neq\Phi\} \tag{3.2.2}$$

集合 X 的边界区：

$$\mathrm{Bn}(X)=R^{-}(X)-R\_(X) \tag{3.2.3}$$

$R_(X)$实际上是那些根据已有知识判断肯定属于 X 的对象所组成的最大集合，亦称 X 的正域，记作 POS(X)。由根据已有知识判断肯定不属于 X 的对象所组成的集合称为 X 的负域，记作 NEG(X)。

$R^{-}(X)$是那些可能属于 X 的对象所组成的最小集合。显然，$R^{-}(X)+\mathrm{NEG}(X)=U$。

Bn(X)为集合 X 的上、下近似之差。如 $\mathrm{Bn}(X)=\Phi$，则称 X 关于 R 是清晰的；反之，如 $\mathrm{Bn}(X)\neq\Phi$，则称集合 X 是关于 R 的粗糙集。

3.2.4 知识表示特征集模型

知识表示系统的基本成分是研究对象的集合，关于这些对象的知识是通过指定对象的属性及其属性值来描述的。把这种描述对象的属性–值对看成对象所具有的某种特征。

定义 4：设 $U \neq \Phi$ 是论域，$\Omega = \{\omega_1, \omega_2, \cdots, \omega_m\}$ 是对象集，$\Omega \subseteq U$，Ω 中任何对象所具有的特征所组成的集合称为特征集 $T = \{\tau_1, \tau_2, \cdots, \tau_n\}$。这些特征可由如下的属性–值对表示：$\tau=(a,v)$，$a \in \mathrm{At}$，$v \in \mathrm{Val}$。由特征集构成的表称为特征表。

对于任一对象 $\omega \in \Omega$，如 ω 可由 τ 描述，则这种关系可表示为 $(\omega,\tau) \in \Gamma$，Γ 表示特征关系。于是得到：

$$[\omega]=\{\tau \in T: (\omega,\tau) \in \Gamma\} \tag{3.2.4}$$

定义 5：在论域 U 中，已知一特征集 T，对于每个 $\tau \in T$ 满足下式：

$$[\tau]=\{\omega \in U: (\omega,\tau) \in \Gamma\} \tag{3.2.5}$$

则称 $[\tau]$ 为 τ 特征集。

同理，非 τ 特征集 $[\hat{\tau}]$ 可定义如下：

$$[\hat{\tau}]=\{\omega \in U: (\omega,\tau) \notin \Gamma\}=U-[\tau] \tag{3.2.6}$$

利用 $[\tau]$ 和 $[\hat{\tau}]$ 可构造如下原子集：

$$\begin{aligned}
&[\alpha_0]=[\hat{\tau}_1 \wedge \hat{\tau}_2 \wedge \cdots \wedge \hat{\tau}_n]=[\hat{\tau}_1] \cap [\hat{\tau}_2] \cap \cdots \cap [\hat{\tau}_n] \\
&[\alpha_1]=[\tau_1 \wedge \hat{\tau}_2 \wedge \cdots \wedge \hat{\tau}_n]=[\tau_1] \cap [\hat{\tau}_2] \cap \cdots \cap [\hat{\tau}_n] \\
&[\alpha_2]=[\hat{\tau}_1 \wedge \tau_2 \wedge \cdots \wedge \hat{\tau}_n]=[\hat{\tau}_1] \cap [\tau_2] \cap \cdots \cap [\hat{\tau}_n] \\
&\qquad \vdots \\
&[\alpha_N]=[\tau_1 \wedge \tau_2 \wedge \cdots \wedge \tau_n]=[\tau_1] \cap [\tau_2] \cap \cdots \cap [\tau_n] \\
&N=2^n-1
\end{aligned} \tag{3.2.7}$$

称 $[\alpha_0], [\alpha_1], \cdots, [\alpha_N]$ 为原子概念，所有原子概念集称为概念空间 C。事实上，每个原子概念都是一种布尔表示的等价类，在同一等价类中所有对象都是不可区分的，这些等价类共同形成了对论域 U 的划分。原子概念是信息系统知识表示的最基本范畴，或者说是构成知识的最小“颗粒”。很显然，颗粒越细，知识表示越清晰；反之，颗粒越粗，知识表示越粗糙。

根据粗糙集理论对于知识的定义，可以用原子集/原子概念来对知识 $A \subseteq U$ 进行描述和表达：若 A 可由一族原子概念精确描述，即 A 可表示成原子集的并集，则 A 是确定性知识，是可精确定义的；反之，A 是不确定性知识，只能粗糙定义。显然，由于原子集对 U 的划分不可能是无限的，知识表达的最小单元（颗粒）肯定存在，因此，概念空间的表达能力是有限的，在一定前提下，可用原子集对知识进行精确表示，得到确定性知识。而更多的情况下，我们不得不面对不确定性知识表达的问题。对于不能用原子集精确表示的不确定性知识，采用逼近的方式来描述，即使用两个精确集——上近似和下近似来表示。知识 A 的下近似、上近似分别表示如下：

$$A\_=\vee_{[\alpha_i]\subseteq A}[\alpha_i] \tag{3.2.8}$$

$$A^{-}=\vee_{[\alpha_i]\cap A\neq\Phi}[\alpha_i] \tag{3.2.9}$$

由此可得：

（1）若 $A\_=A^{-}$，则称 A 可用原子集精确定义，即 A 是确定性知识。

（2）若 $A\_\neq A^{-}$，则称 A 不能用原子集精确定义，即 A 是不确定性知识。对不确定性知识 A 的描述又可分为四种情况：

① 若 $A\_\neq\Phi$，且 $A^{-}\neq U$，则称 A 为粗糙可定义的；

② 若 $A\_=\Phi$，且 $A^{-}\neq U$，则称 A 为内不可定义的；

③ 若 $A\_\neq\Phi$，且 $A^{-}=U$，则称 A 为外不可定义的；

④ 若 $A\_=\Phi$，且 $A^{-}=U$，则称 A 为完全不可定义的。

3.2.5 讨论

知识的精确表达是相对的，是在一定范畴和一定前提条件下的。选取的特征集不同，就可以得到不同的原子概念，故确定的知识可能变为不确定的知识，不确定的知识亦可能变为确定的知识。特征集的大小变化可导致原子概念的规模发生变化，同样可使确定的知识和不确定的知识相互转变。

3.3 基于粗糙熵的知识表示方法

3.3.1 信息理论的度量和粗糙集

由 Shannon 创立的信息论已经成为在众多领域中描述信息内容的非常有用的机制。由熵来表示不确定信息已被应用到数据库的各个领域，包括模糊数据库查询、数据分配及在基于规则系统中的分类等。对模糊集合论中不确定信息度量的表示已经有了广泛的研究，T. Beaubouef [5]在粗糙集中把熵作为不确定信息的度量，给出了粗糙熵的概念[6,7]。

粗糙集理论为处理具有不精确和不完全信息的分类问题提供了一种新的框架，它具有如下特点。

（1）从新的视角对知识进行了定义，把知识看作关于论域的划分，从而认为知识是具有粒度的。

（2）认为知识的不精确性是由知识粒度太大引起的。

（3）为处理数据（特别是带噪声、不精确或不完全的数据）分类问题提供了一套严密的数学工具，使得对知识能够进行严密的分析和操作。

粗糙集的基本思想是在保持分类能力不变的前提下，通过知识约简，导出概念的分类规则[7]。

3.3.2　知识的粗糙性

设 U 和 C 为论域和划分，关于 U 的一个知识库可以理解为一个关系系统 $K=(U, R)$，其中 U 为论域，R 为 U 上的一族等价关系。若 $P\subseteq R$ 且 $P\neq\Phi$，则$\cap P$ 也是一个等价关系，记作 $\mathrm{IND}(P)$，并称为 P 上的一个不可区分关系。符号 $U/\mathrm{IND}(P)$表示不可区分关系 $\mathrm{IND}(P)$在 U 上导出的划分。

设 $K=(U, P)$和 $K_1=(U, Q)$是两个知识库，如果 $U/\mathrm{IND}(P)\subseteq U/\mathrm{IND}(Q)$，则称知识 P 比知识 Q 细，或 Q 比 P 粗，记作 $P\prec Q$。该关系可以看作知识库 K 上的一个偏序。

3.3.3　粗糙熵

粗糙集 X 的精确性是指 X 的下近似 $R_(X)$中的元素个数与上近似 $R^{-}(X)$中的元素个数之比，它度量了粗糙集 X 的知识完全性程度，两个集合基数的比率为

$$\alpha_R(X)=\mathrm{card}(R\_(X))/\mathrm{card}\,(R^{-}(X)) \tag{3.3.1}$$

其中 $0\leqslant\alpha_R(X)\leqslant 1$

而粗糙性表示粗糙集的知识不完全性程度，它由下式计算：

$$\rho_R(X)=1-\alpha_R(X) \tag{3.3.2}$$

T. Beaubouef 认为上述公式不能完全表达知识的不完全性，给出了下面的计算形式，即集合 X 的粗糙熵 $E_r(X)$ 用下式计算：

$$E_r(X)=-(\rho_R(X))[\Sigma Q_i\log(P_i)]\text{，}i=1,\cdots,n \tag{3.3.3}$$

粗糙熵中的第一项 $\rho_R(X)$ 为集合 X 的粗糙程度，第二项表示每个等价类属于整个粗糙集或部分的概率和，若 c_i 为等价类 i 的基数，即元素个数，P_i 表示类为其中之一的概率，则 $P_i=1/c_i$。Q_i 表示等价类 i 在整个集合中的概率。

粗糙熵表示了知识的不完全程度，熵的值越小表明其知识粒度越小，即知识表示的完全性越强。

3.4　知识的对象模糊语义网络表示法

对象语义网络（OSN）表示法是由语义网络表示法和面向对象表示法结合

而成的一种混合表示法，在此我们把 OSN 模糊化，得到知识的对象模糊语义网络（OFSN）表示法。OFSN 是由一些以有向图表示的四元组(Object1, Object2, Arc, c)连接而成的，其中对象表示事物，弧表示对象间的关系，c（$0<c\leqslant 1$）表示对象间的联系强度，采用极小值的方法来计算间接联系强度，当计算的间接联系强度小于某个阈值时就认为两个对象间不再具有此种关系。OFSN 中的对象由一些属性和方法封装而成。具有相同属性和方法的对象属于同一个对象类，类间可以继承进而形成类层次，用继承因子 i（$0<i\leqslant 1$）来表示继承关系的模糊性，仍然采用极小值的方法来计算间接继承因子，当间接继承因子小于某个设定阈值时，就认为它们之间不再有继承关系。

OFSN 方法比 OSN 方法更能表现知识的细节，既保持了 OSN 对象复杂的嵌套结构和丰富的方法，又通过模糊语义表达了更为实际的语义联系，因此成为一种较为智能化的表示方法。

3.5 几种知识表示方法的比较

一阶谓词逻辑表示法是一种形式语言系统，研究的是假设与结论之间的蕴含关系，即用逻辑方法研究推理的规律。它可以看成自然语言的一种简化形式。由于它具有精确性、无二义性，故容易为计算机所理解和操作，同时又与自然语言相似，可以表示人类的某些知识。一阶谓词逻辑作为一种形式语言有它的局限性，它还远不能表示人类自然语言所能表达的全部知识，而人类已认识的知识类比自然语言所能表达的知识类还多。因此，一阶谓词逻辑所能表达的知识范围还十分有限。从思维推理的角度看，一阶谓词逻辑所体现的逻辑推理规律，只能用来模拟人类的部分逻辑思维现象，远不能代表人类逻辑思维的全部。因此，对各种非规范逻辑的研究很有必要，如默认推理、或然推理、非单调逻辑、时间逻辑、内含逻辑和模糊逻辑等。尽管如此，一阶谓词逻辑仍是当前主要的知识表示手段之一。

框架可以看作关系表示的推广，框架提供了一种结构，其中的新数据将用从过去经验中获取的概念来解释。知识的这种组织化，使人们面临新情况时能从旧经验中进行预测，引起对有关事项的注意、回忆和推理，所以它是一种理想的知识的结构化表示方法。同时，框架也是一种表示定型状态的数据结构，它的顶层表示某个固定的概念、对象或事件，其下层由一些被称为槽的结构组成。槽可以看成一种子框架，子框架本身还可以进一步分层次。

框架的应用也有一些问题，如为满足给定的条件，如何选择初始的框架；为了进一步表现细节，如何给框架赋值；当所选用的框架不满足给定的条件时，如何寻找新的框架代替它；当找不到合适的框架时，是修改旧的框架还是建立一个新的框架等。框架是一种固定、典型的知识表示形式，而客观事物又是多样化的，这就要求在选择框架的过程中（匹配）表现出一定的灵活性。

语义网络表示法抓住了符号计算中符号和指针这两个本质的东西，而且具有记忆心理学中关于联想的特性，所以是一种较为理想的知识表示方法。但试图用节点代表世界上的各种事物，用弧代表事物间的任何关系，也是不可能实现的。知识表示的共同问题是当知识库增大时计算量随之增加。此外，关于语义网络中的语义，一个节点的真正含义是什么？除表示事实之外，又如何表示思想和信念？语义网络在表示命题时并没有说明其真值，在表示各种对象的内涵时，并没有指明其外部存在和区别。目前采用的表示量词的网络表示法都是逻辑上不充分的，而逻辑上充分的表示法还有不少缺陷。另外，还有如何表示副词、概率信息、置信度、时间、时态等不少难题。

语义网络适合表达分类学的知识，以及其间的复杂推理关系，也适合表达表示事物特性的知识。弧可以表示分类关系或特性，以弧所指向的节点表示其所属的类或取值。

粗糙集理论是一种新型的处理模糊和不确定知识的数学工具，它在知识表示方面更能与现实世界相吻合，它具有如下特征。

（1）能从数学上严格地处理数据分类问题，尤其对于具有噪声、不完全性或不精确性的数据更有效。

（2）粗糙集仅仅分析隐藏在数据中的事实，并没有校正数据中所表现的不一致性，一般将所生成的规则分为确定与可能的规则。

（3）包括了知识的一种形式模型，它将知识定义为不可区分关系的一个族集，使得知识具有了清晰的数据意义，并且可使用数学方法来分析处理。

（4）不需要关于数据的任何附加信息[1,2,4,6-8]。

3.6　研究现状与发展趋势

在求解知识表示问题时引入该问题的相关知识来对进化算法进行修正，可提高算法与问题的相关程度，同时利用已有的优化经验及算法的进化信息调整算法参数和算法结构，使得在解决问题时能够获得更好的结果和更高的效率。Bonissone等[10]讨论了进化算法隐性和显性知识表达机制，通过离线和在线的共通启发式算法来利用这些知识。Fan 等[11]利用知识监督并指导进化过程中差分进化算法的控制参数，实现了变异和交叉策略的自适应调节。Chiang 等[12]研究了一个以知识为基础的进化算法的多目标车辆调度问题时间窗，将具体的知识纳入了问题当中，找出了高质量的解决方案，使得算法更简单有效。梁红硕等[13]构造了猜测算子、反驳算子与萃取算子，利用前两种算子在数据中提取猜测知识与反面知识，并对猜测知识统计其作用范围与正确率，利用萃取算子把获取的两种知识进行变换。Long[14]针对约束优化进化算法求解问题时搜索能力有限的问题，将进化算法知识库与约束处理技术库相结合，建立了两种进化算法与两种约束处理技术库，可将它们随机组合，在每一代中产生新个体，并用实验证明了该方法的有效性。Maury利用增强种群多样性的方式来改善优化进程，构建了一种多样性自适应参考模型，并以此作为优化进程中的知识。吴亚丽等[16]结合知识模型与多智能体模型，用循环拥挤排序算法控制归档集大小，提取目标空间平均散布的非劣解，实验表明Pareto 前沿的均匀性得到有效提高，并且节省了计算时间。李雪等[17 基于知识进化的观点，根据范式变换，将进化过程中的各个范式对应为问题的可行解，以范式为基础建立初始知识库，并提出了传承算子、修补算子及创新算子，利用三个算子从库中获取问题的优秀解。

知识进化算法是近年来出现的一种优化算法，它与原有优化算法的区别是，知识进化算法在进化过程中提取事先未知、潜在有用的知识，实现进化层面知识信息的交流。知识进化算法自提出以来，无论是关于优化问题的求解，还是在许多工程领域内的应用都取得了不错的效果，目前的研究与实验证明知识进化策略已经成为提升优化算法性能的有效方法[18]。

3.7 本章小结

一个好的知识表示方法至少应该具有如下特征。

（1）应能充分表达某领域中所有类型的知识。

（2）应具有推理的能力，即从已知的知识中推出新知识，同时这种推理应具备一定的有效性。

（3）便于新知识的获取。

（4）应反映并有效地处理普遍的性质，如可分性、传递性、继承性等。

（5）知识表示应尽可能详尽。

（6）能很容易地找到所需要的知识块。

为了表示不完全的知识，经常需要加入关于确定性程度的数值度量，如用置信度来表示事实的可信程度，或用来表明由规则的前提导致结论的可信程度，可以反映在不完全知识的条件下推理的不确定性，至于采用何种度量方法，与具体的论域有关。

知识表示的格式在知识的可表达性、推理的难易程度、可修改性和可扩展性等几方面值得考虑。如在可表达性方面，用特征向量描述缺乏内在结构的事物比较好，而谓词演算则对描述结构化的事物和情况比较有效。

要把精确或不精确的知识、完全或不完全的知识、确定或不确定的知识、事实和规则等以合适的模式逻辑地表示出来（包括语法和语义两方面），然后设法把它们物理地映射和存放到计算机中。这些知识表示模型要有较强的表达能力和较高的处理效力。

知识表示是进行知识处理和数据挖掘的基础，好的知识表示方法能为智能化数据处理提供良好的底层环境。本章对知识表示进行了讨论，介绍了一阶谓词逻辑表示法、关系表示法、框架表示法、产生式规则表示法、面向对象表示法、语义网络表示法及相应的模糊表示法，给出了面向对象的模糊语义网络表示法。

本章重点讨论了基于粗糙集和粗糙熵的知识表示法。粗糙集理论与其他理论相比有如下不同。

（1）知识与分类的观点：粗糙集理论认为知识即将对象进行分类的能力。假定起初对论域中的元素（对象）具有必要的信息或知识，通过这些知识能够将其划分到不同的类别。若两个元素具有相同的信息，则它们就是不可区分的，即根据已有的信息不能够将其划分开，显然这是一种等价关系。在不可区分关系的基础上，引入了成员关系、上近似和下近似等概念来刻画不精确性与模糊性。

（2）新型的成员关系：粗糙集与传统的集合有着相似之处，但是它们的出发点完全不同。传统集合论认为，一个集合完全由其元素所决定，一个元素要么属于这个集合，要么不属于这个集合，即它的成员函数 $\mu_X(x) \in \{0,1\}$。模糊集合对此进行了拓展，它给成员赋予了一个隶属度，即 $\mu_X(x) \in [0,1]$，使得模糊集合能够处理一定的模糊和不确定数据，但是其模糊隶属度的确定往往涉及人为因素，这给其应用带来了一定的不便。而且，传统集合论和模糊集合论都把成员关系作为原始概念来处理，集合的并和交就建立在其元素的隶属度的 max

和 min 操作上，因此其隶属度必须事先给定（传统集合默认隶属度为 1 或 0）。在粗糙集中，成员关系不再是一个原始概念，因此无须人为给元素指定一个隶属度，从而避免了主观因素的影响。而且认为，不确定性与成员关系有关，而模糊性则表现在集合上。设 $X \subseteq U$ 且 $x \in U$，元素 x 与集合 X 之间的成员关系函数定义为 $\mu_X^I(x)=|X \cap I(x)|/|I(x)|$，其中 I 是不可区分关系，$I(x)=\{y|(y \in U) \wedge (yIx)\}$。显然有 $\mu_X^I(x) \in [0,1]$，并且这里的成员关系是根据已有的分类知识客观计算出来的，而不是主观给定的。

（3）概念的边界：知识的粒度性是造成使用已有知识不能精确地表示某些概念的原因，这就产生了所谓的关于不精确的边界思想。粗糙集中的模糊性就是一种基于边界的概念，即一个模糊的概念具有模糊的不可被明确划分的边界。为刻画模糊性，每个不精确概念由一对被称为下近似和上近似的精确概念来表示。集合 X 的下近似包含了可确切分类到 X 的元素，上近似则包括了所有那些可能属于 X 的元素。上近似与下近似的差就是此概念的边界区域，并且它由不能肯定分类到这个概念或其补集中的所有元素组成。显然若边界非空，则集合 X 就是一个模糊概念。模糊性和不确定性在此有了联系，即模糊性是由不确定性来定义的。

（4）知识表示：粗糙集的知识表示一般采用信息表或属性-值系统。信息表是一个三元组 $S=\{U, A, V\}$，其中 U 是对象集合，A 是属性集合，有时可分为条件属性（C）和决策属性（D），V 是 A 的值域。事实上，属性就是对象上的等价关系（对象的一种分类模式），所以 A 是等价关系的集合。信息表类似于关系数据库模型的表达方式。在其上定义了缩减等概念。这样，知识可用数据来替代，知识处理可由数据操作来实现。特别地，概念（对象子集合）现在可用属性-值（准确或近似地）来定义，知识推理所需要的其他大量概念都可由属性-值来表达，从而给知识发现等提供了有力的工具。

粗糙集作为研究知识发现的工具具有许多优点，它可支持 KDD 的多个步骤，如数据预处理、数据缩减、规则生成、数据依赖关系发现等。尽管粗糙集理论对模糊和不完全知识的处理比较出色，但其对原始模糊数据的处理能力较弱，因此和其他方法如模糊数学、神经网络等结合，将会极大地增强其处理问题的能力[9]。

通过对知识表示法的研究可以看出，在知识表示方法中，软计算技术始终是一个强有力的工具，它为表现现实世界中的模糊性、不完全性和不精确性提供了相应的工具。

参考文献

[1] 林尧瑞, 张钹, 石纯一. 专家系统原理与实践[M]. 北京: 清华大学出版社, 1988.

[2] 何新贵. 知识处理与专家系统[M]. 北京: 国防工业出版社, 1990.

[3] 王军. 数据库知识发现的研究[D]. 博士论文, 1997.

[4] 胡涛, 吕炳朝，等. 基于粗糙集的不确定知识表示方法[J]. 计算机科学, 2000, 27(3): 90-92.

[5] An overview of datamining methods and products, http:// www. cs. chalmers. se/computingScie…apporter/MagnusBjornsson / appendixD.html

[6] T Beaubouef, F E Petry, G Arora. Information-theoretic Measures of Uncertainty for Rough Sets and Rough Relational Databases[J]. Journal of Information Sciences, 1998, 109: 185-195.

[7] 苗夺谦, 王珏. 粗糙集理论中知识粗糙性与信息熵关系的讨论[J]. 模式识别与人工智能, 1998, 11(1): 34-40.

[8] 王志海，胡可云，等. 基于粗糙集合理论的知识发现综述[J]. 模式识别与人工智能, 1998, 11(2): 176-183.

[9] Lotfi Zadeh. Neuro-Fuzzy and Soft Computing. http://neural. cs.nthu.edu.tw/jang/book/ foreword. Html

[10] Bonissone P P, Subbu R, Eklund N, et al. Evolutionary algorithms + domain knowledge= real-world evolutionary computation[J]. IEEE Transactions on Evolutionary Computation, 2006, 10(3): 256-280.

[11] Fan Q, Wang W, Yan X. Differential evolution algorithm with strategy adaptation and knowledge-based control parameters[J]. Artificial Intelligence Review, 2017: 1-35.

[12] Chiang T C, Hsu W H. A knowledge-based evolutionary algorithm for the multiobjective vehicle routing problem with time windows[J]. Computers & Operations Research, 2014, 45(5): 25-37.

[13] 梁红硕，刘云桥，赵理. 知识进化算法及其在关联分类中的应用[J]. 中文信息学报, 2015, 29(4): 126-133.

[14] Long W. Knowledge-Base constrained optimization evolutionary algorithm and its applications[J]. Applied Mechanics & Materials, 2014, 536-537(536-537): 476-480.

[15] Leon M, Xiong N. Adapting differential evolution algorithms for continuous optimization via

greedy adjustment of control parameters[J]. Journal of Artificial Intelligence & Soft Computing Research, 2016, 6(2): 103-118.

[16] 吴亚丽，薛芬. 知识引导的多目标多智能体进化算法[J]. 控制理论与应用，2014,31(8): 1069-1076.

[17] 李雪，崔颖安，崔杜武，等. 基于范式转换的知识进化算法[J]. 计算机工程, 2012, 38(1): 177-179.

[18] 许春蕾. 基于知识表示、提取与影响的进化算法[D]. 南昌：南昌航空大学, 2018.

第 4 章 数据挖掘中的小波神经网络方法研究

4.1 引言

神经网络在人工智能、信号处理、系统辨识、控制理论等方面的应用已经得到广泛的重视，从而促进了对神经网络的研究。把小波分析引入神经网络由Q.Zhang 和 A.Benveniste[1]首先完成，而 Pati 和 Krishnaprasad[2]、J.Zhang 等[3]对小波神经网络进行了进一步的研究，并指出小波神经网络优于多层感知器（Multilayer Perceptron，MLP）及径向基函数网络（Radial Basis Function Networks，RBFN）。K.Kobayashi 和 T.Torioka[4]、Y.Oussar 和 G.R.Dreyfus[5]等在小波神经网络的结构设计方面进行了研究，对网络的参数选择及初始化采用启发式和遗传算法（GA）来实现。小波神经网络具有如下优点[5,6]：

（1）在 $L^2(R)$ 中确保能充分地逼近任意函数；

（2）其多分辨率结构使得内部表示是易于理解的；

（3）由于基函数被置于时频面上且没有误差，所以增加和删除隐层单元不难做到且不影响其性能。

数据挖掘是从大量数据中提取出可信、新颖、有效、能被人理解的模式的高级处理过程。在整个知识发现的过程中需要用到各种挖掘技术，神经网络是其重要的方法之一。本章将主要讨论小波神经网络及其在数据挖掘中的应用。

4.2 神经网络发展及基础概述

神经网络在许多领域中的成功应用已经使其为各届人士所关注。从神经网络的发展中可以看出人们在寻找模拟人的智能的进程中所做的工作。早在 1943 年，心理学家 McCulloch 和数学家 Pitts 就合作提出了形式神经元的数学模型（MP 模型），从此开创了神经科学理论研究的时代。MP 模型用逻辑的数学工具研究客观世界的事件在形式神经网络中的表述。1944 年，Hebb 提出了改变神经元连接强度的 Hebb 规则，该规则至今仍在各种神经网络模型中起着重要作用，而作为人工智能的网络系统的研究则是从 20 世纪 50 年代末、60 年代初开始的。1957 年，Rosenblatt 给出了感知器概念，它由阈值性神经元组成，试图模拟动物和人脑的感知和学习能力；1962 年，Widrow 提出了自适应线性元件，它是连续取值的线性网络，用于自适应系统。随后 AI 研究处于低潮，但仍然有一些成果出现，Grossberg 提出了自适应共振理论；芬兰的 Kohonen 提出了自组织映射；Fukushina 提出了神经认知机网络理论；Amari 则致力于神经网络有关数学理论的研究；Anderson 提出了 BSB 模型；Webos 提出了 BP 理论，从而为神经网络研究的发展奠定了理论基础。1982 年，Hopfield 提出了 HNN 模型，引入了计算能量函数的概念，给出了网络稳定性判据。它的电子电路实现为神经计算机的研究奠定了基础，同时开拓了神经网络用于联想记忆和优化计算的新途径。Feldmann 和 Ballard 的连接网络模型给出了并行分布处理的计算原则。Hinton 和 Sejnowski 提出的 Boltzman 机模型借用了统计物理学的概念和方法，采用了多层网络的学习算法，在学习过程中用模拟退火技术保证整个系统趋于全局稳定点。Rumelhart 和 McClelland 等人提出了并行分布处理理论，致力于认知微观结构的探索，同时发展了多层网络的 BP 算法。Kosko 提出了双向联想记忆网络等。目前，脑科学、心理学、认知科学、计算机科学与信息科学、电子学、控制与机器人、管理学等不同学科和不同领域中都可见神经网络的研究与应用，它已经成为智能研究的重要方法和工具[7]。

4.2.1 MP 模型

MP 模型是由 McCulloch 和 Pitts 共同提出的形式神经元的数学模型。设有 N 个神经元互连，每个神经元的活性状态 s_i（i=1, 2, $\cdots$, N）取 0 或 1，分别代表抑制与兴奋。每一神经元的状态按下述规则受其他神经元的制约：

$$s_i = f(\sum_{j=1}^{N} W_{ij} s_j - \theta_i)\text{，}\ i = 1, 2, \cdots, N \tag{4.2.1}$$

其中 W_{ij} 代表神经元 i 与神经元 j 之间突触连接强度，θ_i 为神经元 i 的阈值，$f(\cdot)$在这里取阶跃函数 $U(\cdot)$。学习过程就是调整 W_{ij} 的过程。$U(\cdot)$定义为

$$U(x) \triangleq \begin{cases} 1, & x \geqslant 0 \\ 0, & x < 0 \end{cases} \tag{4.2.2}$$

如果把阈值也看成一个权值，则式（4.2.1）可以改写为

$$s_i = f(\sum_{j=0}^{N} W_{ij} s_j) \tag{4.2.3}$$

其中 $W_{i0}s_0 = -\theta_i$，s_0=1。

4.2.2　感知器学习算法

感知器是一个具有单层计算单元的神经网络，由线性阈值元件组成。为描述简单起见，将阈值 θ 并入 W 中，令 $W_{n+1} = -\theta$，X 向量也相应地增加一个分量 $x_{n+1} = 1$，因此，输出 $Y = f(\sum_{i=1}^{n+1} W_i x_i)$。具体算法如下。

（1）给定初始值：赋给 $W_i(0)$ 各一个较小的随机非零值，此处 $W_i(t)$ 为 t 时刻第 i 个输入上的权（$1 \leqslant i \leqslant n$），$W_{i+1}(t)$ 为 t 时刻的阈值。

（2）输入一样本 $X = (x_1, \cdots, x_n, 1)$ 和它的希望输出 d（如果 $X \in A$ 类，则 d=1；如果 $X \in B$ 类，则 d=−1）。

（3）计算实际输出 $Y = f(\sum_{i=1}^{n+1} W_i(t) x_i)$。

（4）修正权值 W：$W_i(t+1) = W_i(t) + \eta[d - Y(t)]x_i$，$i$=1，2，…，$n$+1，其中 $0 < \eta \leqslant 1$ 用于控制修正速度，通常 η 不能太大，因为太大会影响 $W_i(t)$ 的稳定；η 也不能太小，因为太小会使 $W_i(t)$ 的收敛速度太慢。若实际输出与已知的输出值相同，则 $W_i(t)$ 不变。

（5）转到第 2 步，直到 W 对一切样本均稳定不变为止。

4.2.3　BP 网络算法

设有含 n 个节点的任意网络，节点的激活函数为 sigmoid 型。为说明简单起见，设网络只有一个输出 y，任一节点 i 的输出为 O_i，并设有 N 个样本 (x_k, y_k)（k=1, 2,⋯, N），对某一输入 x_k，网络的输出为 y_k，节点 i 的输出为 O_{ik}，节点 j 的输出为

$$\text{net}_{jk} = \sum_i W_{ij} O_{ik} \tag{4.2.4}$$

使用平方型误差函数

$$E = \frac{1}{2}\sum_{k=1}^{N}(y_k - \hat{y}_k)^2 \tag{4.2.5}$$

其中 $\hat{y}_k$ 为网络的实际输出，定义

$$E_k = (y_k - \hat{y}_k)^2 \tag{4.2.6}$$

$$O_{jk} = f(\text{net}_{jk}) \tag{4.2.7}$$

$$\delta_{jk} = \frac{\partial E_k}{\partial \text{net}_{jk}} \tag{4.2.8}$$

于是

$$\frac{\partial E_k}{\partial W_{ij}} = \frac{\partial E_k}{\partial \text{net}_{ji}} \frac{\partial \text{net}_{jk}}{\partial W_{ij}} = \frac{\partial E_k}{\partial \text{net}_{jk}} O_{ik} = \delta_{jk} O_{ik} \tag{4.2.9}$$

（1）当 j 为输出节点时：

$$O_{jk} = \hat{y}_k$$

$$\delta_{jk} = \frac{\partial E_k}{\partial \text{net}_{jk}} = -(y_k - \hat{y}_k) f'(\text{net}_{jk}) \tag{4.2.10}$$

（2）若 j 不是输出节点，有

$$\begin{cases} \delta_{jk} = f'(\text{net}_{jk}) \sum\limits_{m} \delta_{mk} W_{mj} \\ \dfrac{\partial E_k}{\partial W_{ij}} = \delta_{jk} O_{ik} \end{cases} \tag{4.2.11}$$

如果网络有 M 层，而第 M 层仅含输出节点，第一层为输入节点，则 BP 算法描述如下。

① 选定初始权值 W。

② 重复下述过程直到收敛：

- 对 $k = 1, \cdots, N$，计算 $O_{ik} \cdot \text{net}_{jk}$ 和 $\hat{y}_k$（正向过程）。对各层从 M 到 2 反向计算（反向过程）。
- 对同一层节点 $\forall j \in M$，由式（4.2.10）和式（4.2.11）计算 δ_{jk}。

③ 修正权值：

$$W_{ij} = W_{ij} - \mu \frac{\partial E}{\partial W_{ij}}, \quad \mu > 0 \tag{4.2.12}$$

其中，

$$\frac{\partial E}{\partial W_{ij}} = \sum_{k=1}^{N} \frac{\partial E_k}{\partial W_{ij}} \tag{4.2.13}$$

4.3　基于禁忌搜索算法的小波神经网络设计

4.3.1　禁忌搜索

1．算法实现

禁忌搜索（Tabu Search，TS）是一种现代启发式算法，由美国科罗拉多大学教授 Fred Glover 在 1986 年左右提出，是一个用来跳脱局部最优解的搜索算法。其先建立一个初始化方案，基于此，算法“移动”到一个相邻的方案。利用许多连续的移动过程，提高解的质量。

算法实例如下[8]：

```
import random
import datetime
city = []
eg = []
for line in open("tsp.txt"):
    place,lon,lat = line.strip().split(" ")
    city.extend([(place,(lon,lat))])        #导入城市的坐标
def printtravel(vec):
    print(city[0],city[vec[0]])
    for i in range(len(vec)-1):
        print(city[vec[i]],city[vec[i+1]])
    print(city[vec[i+1]],city[0])        #打印结果函数
eg = [i for i in range(1,29)]            #一个例子
print("打印出来的路径，即 1→2→3→4→…→29→1")
printtravel(eg)
defcostroad(road):
cost=((float(city[0][1][0])-float(city[road[0]][1][0]))**2+
(float(city[0][1][1])-float(city[road[0]][1][1]))**2)**0.5
    For I in range(len(road)-1):
cost=cost+((float(city[road[i+1]][1][0])-float(city[road[i]][1
][0]))**2
+(float(city[road[i+1]][1][1])-float(city[road[i]][1][1]))**2)
**0.5
cost=cost+((float(city[road[-1]][1][0])-float(city[0][1][0]))*
*2
```

```
    +(float(city[-1][1][1])-float(city[0][1][1]))**2)**0.5
        return(cost)          #计算所求解的距离，这里为了简单，将城市视作二维
平面
                              #上的点，使用了欧氏距离
    #计算上例中的总路程
    print("总路程:",costroad(eg))
    def tabusearch(diedaitimes,cacu_time,tabu_length,origin_times,
costf,printf):
        s1=datetime.datetime.now()  #获取运行前的时间
        print("The program now is executing...")
        def pan_move(move_step,tabu_move):
                                   #判断移动是否在禁忌区域中，如果是则
                                   #返回 True 和该点索引，否则返回 False 和 0
            if move_step in tabu_move:
                index = tabu_move.index(move_step)
                return(True,index)
            else:
                return(False,0)
        def pan_cost(cost,tabu_cost,t):
                                   #判断该移动是否比禁忌区域中的移动小，
                                   #如果小则返回 True，否则返回 False
            if cost<tabu_cost[t]:
                return(True)
            else:
                return(False)
        def add_tabu(cost,move,tabu_cost,tabu_move,t):
                                     #为禁忌区域添加移动和成
                                     #本，若超过 t 则剔除最先进入的禁忌区域
            tabu_cost.append(cost)
            tabu_move.append(move)
            if len(tabu_cost)>t:
                del tabu_cost[0]
            if len(tabu_move)>t:
                del tabu_move[0]
            return(tabu_cost,tabu_move)
        def cacu(vec,t):                      #为每一个初始解计算 t 次
            vec_set = []
```

```
    m_set = []
    cost_set = []
    h = []
    for i in range(t):
        v,m,c,h = move(vec,h)
        vec_set.append(v)
        m_set.append(m)
        cost_set.append(c)
    return(vec_set,m_set,cost_set)
def cacu_tiqu(v1,m1,c1):   #从上述 t 次中筛选最小的解向量、移动和成本
    t = c1.index(min(c1))
    v_max = v1[t]
    m_max = m1[t]
    c_max = c1[t]
    return(v_max,m_max,c_max)
def move(vec,h):                 #输出移动后的向量和成本
    i = 1
    while i==1:
        m = random.sample(vec,2)
        m.sort()
        if m not in h:
            h.append(m)
            vec_copy = vec[:]
            vec_copy[vec_copy.index(m[0])] = m[1]
            vec_copy[vec_copy.index(m[1])] = m[0]
            cost = costf(vec_copy)
            i = 0
            return(vec_copy,m,cost,h)
finall_road = []
finall_cost = []
for t1 in range(origin_times):
    road = [i for i in range(1,29)]
    random.shuffle(road)
    tabu_cost = []
    tabu_move = []
    for t in range(diedaitimes):
        i = 0
```

```
            while i==0:
                v1,m1,c1 = cacu(road,cacu_time)
                v_m,m_m,c_m = cacu_tiqu(v1,m1,c1)
                key1 = pan_move(m_m,tabu_move)
                if key1[0]:
                    if pan_cost(c_m,tabu_cost,key1[1]):
                        road = v_m
                        finall_road.append(road)
                        finall_cost.append(c_m)
                        tabu_cost,tabu_move=
                      add_tabu(c_m,m_m,tabu_cost,tabu_move,tabu_length)
                        i=1
                    else:
                        v1.remove(v_m)
                        m1.remove(m_m)
                        c1.remove(c_m)
                        if len(v1)==0:
                            i = 1
                else:
                    tabu_cost,tabu_move=
                    add_tabu(c_m,m_m,tabu_cost,tabu_move,tabu_length)
                    road = v_m
                    finall_road.append(road)
                    finall_cost.append(c_m)
                    i = 1
        index = finall_cost.index(min(finall_cost))
        s2 = datetime.datetime.now()
        print("Successfully execute!,the program has executed for
             "+str((s2-s1).seconds)+" seconds!")
        return(finall_road[index],min(finall_cost),printf(finall_
road[index]))
    tabusearch(diedaitimes=100,cacu_time=100,tabu_length=10,origin
_times=100,costf=co
    stroad,printf=printtravel)
```

2. 运行结果

此处以一个简单的 TSP 问题为例，现有 29 个城市，提供了经纬度，一架飞机需要从 1 号城市出发，途经剩下的 28 个城市，然后返回 1 号城市，求最短距离。城市地点数据如图 4.1 所示。

地点	经度	纬度
1	1150.0	1760.0
2	630.0	1660.0
3	40.0	2090.0
4	750.0	1100.0
5	750.0	2030.0
6	1030.0	2070.0
7	1650.0	650.0
8	1490.0	1630.0
9	790.0	2260.0
10	710.0	1310.0
11	840.0	550.0
12	1170.0	2300.0
13	970.0	1340.0
14	510.0	700.0
15	750.0	900.0
16	1280.0	1200.0
17	230.0	590.0
18	460.0	860.0
19	1040.0	950.0
20	590.0	1390.0
21	830.0	1770.0
22	490.0	500.0
23	1840.0	1240.0
24	1260.0	1500.0
25	1280.0	790.0
26	490.0	2130.0
27	1460.0	1420.0
28	1260.0	1910.0
29	360.0	1980.0

图 4.1　城市地点数据

解的形式为[1,2,3,4,5,6,7,8,9,10,11,12,13,14,15,16,17,18,19,20,21,22,23,24,25,26]，这里去除了开头和结尾的 0，即 1 号城市，只计算中间的航程即可，然后计算所求解的距离。这里为了简单，将城市视作二维平面上的点，使用了欧氏距离。其中 diedaitimes 为每一个初始解的迭代次数，cacu_time 为候选集合长度，tabu_length 为禁忌长度，origin_times 为整个程序循环次数，可以理解为使用不同个初始解，costf 为成本函数，printtravel 为打印结果函数，上述程序运行结果如图 4.2 所示。

在本例中，对 28 个城市进行排列，共有 28！$\approx 3\times10^{29}$ 种组合。作者使用暴力枚举测试了一百万个组合，耗费 76s 得到里程为 16270 的航程，而采用本节讨论的禁忌搜索算法，仅耗费 71s 就得到了里程为 11356 的航程，因此具有非常好的效果，虽然不是最优路径，但是通过调整参数会逐渐接近最优解。

```
( '1' , ( '1150.0' , '1760.0' )) ( '6' , ( '1030.0' , '2070.0' ))
( '6' , ( '1030.0' , '2070.0' )) ( '13' , ( '970.0' , '1340.0' ))
( '13' , ( '970.0' , '1340.0' )) ( '15' , ( '750.0' , '900.0' ))
( '15' , ( '750.0' , '900.0' )) ( '4' , ( '750.0' , '1100.0' ))
( '4' , ( '750.0' , '1100.0' )) ( '10' , ( '710.0' , '1310.0' ))
( '10' , ( '710.0' , '1310.0' )) ( '2' , ( '630.0' , '1660.0' ))
( '2' , ( '630.0' , '1660.0' )) ( '26' , ( '490.0' , '2130.0' ))
( '26' , ( '490.0' , '2130.0' )) ( '3' , ( '40.0' , '2090.0' ))
( '3' , ( '40.0' , '2090.0' )) ( '29' , ( '360.0' , '1980.0' ))
( '29' , ( '360.0' , '1980.0' )) ( '5' , ( '750.0' , '2030.0' ))
( '5' , ( '750.0' , '2030.0' )) ( '9' , ( '790.0' , '2260.0' ))
( '9' , ( '790.0' , '2260.0' )) ( '12' , ( '1170.0' , '2300.0' ))
( '12' , ( '1170.0' , '2300.0' )) ( '21' , ( '830.0' , '1770.0' ))
( '21' , ( '830.0' , '1770.0' )) ( '20' , ( '590.0' , '1390.0' ))
( '20' , ( '590.0' , '1390.0' )) ( '18' , ( '460.0' , '860.0' ))
( '18' , ( '460.0' , '860.0' )) ( '14' , ( '510.0' , '700.0' ))
( '14' , ( '510.0' , '700.0' )) ( '17' , ( '230.0' , '590.0' ))
( '17' , ( '230.0' , '590.0' )) ( '22' , ( '490.0' , '500.0' ))
( '22' , ( '490.0' , '500.0' )) ( '11' , ( '840.0' , '550.0' ))
( '11' , ( '840.0' , '550.0' )) ( '7' , ( '1650.0' , '650.0' ))
( '7' , ( '1650.0' , '650.0' )) ( '25' , ( '1280.0' , '790.0' ))
( '25' , ( '1280.0' , '790.0' )) ( '19' , ( '1040.0' , '950.0' ))
( '19' , ( '1040.0' , '950.0' )) ( '16' , ( '1280.0' , '1200.0' ))
( '16' , ( '1280.0' , '1200.0' )) ( '23' , ( '1840.0' , '1240.0' ))
( '23' , ( '1840.0' , '1240.0' )) ( '8' , ( '1490.0' , '1630.0' ))
( '8' , ( '1490.0' , '1630.0' )) ( '27' , ( '1460.0' , '1420.0' ))
( '27' , ( '1460.0' , '1420.0' )) ( '24' , ( '1260.0' , '1500.0' ))
( '24' , ( '1260.0' , '1500.0' )) ( '28' , ( '1260.0' , '1910.0' ))
( '28' , ( '1260.0' , '1910.0' )) ( '1' , ( '1150.0' , '1760.0' ))
([5,12,14,3,9,1,25,2,28,4,8,11,20,19,17,13,16,21,10,6,24,18,15,22,7,26,23,27],
11356.612831196624,None)
```

图 4.2　程序运行结果

4.3.2　小波分析基础

1．积分小波变换

在 $L^2(R)$ 中定义内积和范数如下：

$$<f,g>\triangleq\int_R f(x)\overline{g(x)}\mathrm{d}x \tag{4.3.1}$$

$$\|f\|\triangleq<f,f>^{1/2} \tag{4.3.2}$$

其中 $\overline{g(x)}$ 表示 $g(x)$ 的共轭。函数 $f\in L^2(R)$ 的积分小波变换 $T(a,b)$ 定义如下：

$$T(a,b)\triangleq<f,\varphi^{(a,b)}> \tag{4.3.3}$$

其中 $\varphi^{(a,b)}=\dfrac{1}{\sqrt{a}}\varphi\left(\dfrac{x-b}{a}\right)$，且满足

$$c_\varphi=\int_R\frac{|\hat{\varphi}(\omega)|}{|\omega|}\mathrm{d}\omega<\infty \tag{4.3.4}$$

其中 $\hat{\varphi}$ 是 φ 的傅里叶变换。

在实现小波神经网络的过程中，参数 a 和 b 需要离散化，固定伸缩步长 $a_0>1$，平移步长 $b_0\neq 0$，则对 $m,n\in Z$ 有

$$\varphi_{m,n}(x)=a_0^{-m/2}\varphi(a_0^{-m}x-nb_0) \tag{4.3.5}$$

此处 $a=a_0^{\ m}$，$b=nb_0a_0^m$。在此我们取 $a_0=2^{-1}$，由 b_0 的值确定 φ，从而产生 $L^2(R)$ 上的一个框架。至此函数 f 的反演公式可以定义如下：

$$f(x)\triangleq\sum_{m,n\in Z}<f,\varphi_{m,n}>\varphi^{m,n}(x) \tag{4.3.6}$$

其中 $\{\varphi^{m,n}\}$ 是 $\{\varphi_{m,n}\}$ 的对偶基，且满足如下条件：

$$A\|f\|^2\leqslant\sum_{m,n\in Z}|<f,\varphi_{m,n}>|^2\leqslant B\|f\|^2 \tag{4.3.7}$$

其中 $0\leqslant A\leqslant B<\infty$（$A,B\in R$）。

2．小波的时间–频率窗

可变的时间–频率窗是小波变换的特点之一，对于高频谱的信息，时间间隔要相对小，以给出比较高的精度；对于低频谱的信息，时间间隔要相对大，以给出完全的信息。即在高中心频率时自动变窄，而在低中心频率时自动变宽。这种移近和远离的伸缩能力体现了时间局部性和频率局部性。

对于小波 φ，其窗口中心 $\overline{x}$ 和半径 $\varDelta_\varphi$ 定义如下：

$$\overline{x}\triangleq\frac{1}{\|\varphi\|^2}\int_R x|\varphi(x)|^2\mathrm{d}x \tag{4.3.8}$$

$$\varDelta_\varphi\triangleq\frac{1}{\|\varphi\|}\{\int_R(x-\overline{x})^2|\varphi(x)|^2\,\mathrm{d}x\}^{1/2} \tag{4.3.9}$$

时间窗的范围为 $[\overline{x}-\varDelta_\varphi,\overline{x}+\varDelta_\varphi]$。

类似地，小波 φ 的傅里叶变换 $\hat{\varphi}$ 的窗口中心 $\overline{\omega}$ 和半径 $\varDelta_{\hat{\varphi}}$ 定义如下：

$$\overline{\omega}\triangleq\frac{1}{\|\hat{\varphi}^+\|^2}\int_{R^+}\omega|\hat{\varphi}(\omega)|^2\mathrm{d}\omega \tag{4.3.10}$$

$$\varDelta_{\hat{\varphi}}\triangleq\frac{1}{\|\hat{\varphi}^+\|}\{\int_{R^+}(\omega-\overline{\omega})^2|\hat{\varphi}(\omega)|^2\mathrm{d}\omega\}^{1/2} \tag{4.3.11}$$

其中 $\hat{\varphi}$ 定义在 $\omega\in R^+=[0,\infty)$ 上，频率窗的范围为 $[\overline{\omega}-\varDelta_{\hat{\varphi}},\overline{\omega}+\varDelta_{\hat{\varphi}}]$。由于只考虑正频率，所以小波 φ 应该满足比式（4.3.4）更严格的条件：

$$\frac{c_\varphi}{2}=\int_{R^+}\frac{|\hat{\varphi}(\omega)|^2}{\omega}\mathrm{d}\omega<\infty \tag{4.3.12}$$

因此，小波 φ 的时间–频率窗为

$$[\overline{x}-\Delta_{\varphi},\overline{x}+\Delta_{\varphi}]\times[\overline{\omega}-\Delta_{\hat{\varphi}},\overline{\omega}+\Delta_{\hat{\varphi}}]$$

一般来说，$\varphi_{m,n}$ 具有窗口

$$[2^{-m}(\overline{x}+nb_0-\Delta_{\varphi}),2^{-m}(\overline{x}+nb_0+\Delta_{\varphi})]\times[2^{m}(\overline{\omega}-\Delta_{\hat{\varphi}},2^{m}(\overline{\omega}+\Delta_{\hat{\varphi}})]$$

窗口的面积是一个常数 $4\Delta_{\varphi}\Delta_{\hat{\varphi}}$，这正是时间–频率分析所需要的性质。

4.3.3 小波变换实例

1. 算法实现

小波变换（Wavelet Transform，WT）是一种新的变换分析方法，它继承和发展了短时傅里叶变换局部化的思想，同时克服了窗口大小不随频率变化等缺点，能够提供一个随频率改变的“时间–频率”窗口，是进行信号时频分析和处理的理想工具。它的主要特点是通过变换能够充分突出问题某些方面的特征，能对时间（空间）频率进行局部化分析，能通过伸缩平移运算对信号（函数）逐步进行多尺度细化，最终达到高频处时间细分、低频处频率细分，能自动适应时频信号分析的要求，从而可聚焦到信号的任意细节。它解决了傅里叶变换中存在的部分问题，成为继傅里叶变换之后科学方法上的又一重大突破。

算法实例如下[19]：

```
# include<opencv2/opencv.hpp>
# include<iostream>
using namespace std;
using namespace cv;
int main()
{
Mat img = imread("d:/Opencv Picture/Lena.jpg", 0);
int width = img.cols;
int height = img.rows;
int depth = 3;    //定义分解深度
int depthcount = 1;
Mat tmp = Mat::ones(img.size(), CV_32FC1);
Mat wavelet = Mat::ones(img.size(), CV_32FC1);
Mat imgtmp = img.clone();
imshow("src", imgtmp);
imgtmp.convertTo(imgtmp, CV_32FC1,1.0/255);
while (depthcount <= depth)
{
    height = img.rows / depthcount;
    width = img.cols / depthcount;
    //做宽度方向处理
    for (int i = 0; i < height; i++)
    {
        for (int j = 0; j < width / 2; j++) {
            tmp.at<float>(j, i) = (imgtmp.at<float>(2 * j, i) +
```

```
imgtmp.at<float>(2 * j + 1, i)) / 2;//计算均值
                tmp.at<float>(j + width / 2,i) = (imgtmp.at<float>(2
* j, i) - imgtmp.at<float>(2 * j + 1, i)) / 2;//计算细节数据
            }
        }
        //做高度方向处理
        for (int i = 0; i < height / 2; i++)
        {
            for (int j = 0; j < width; j++)
            {
                wavelet.at<float>(j,i) = (tmp.at<float>(j, 2 * i) +
tmp.at<float>(j, 2 * i + 1)) / 2;
                wavelet.at<float>(j, i + height / 2) = (tmp.at<float>
(j, 2 * i) - tmp.at<float>(j, 2 * i + 1)) / 2;
            }
        }
        imgtmp = wavelet;
        depthcount++;
    }
    imshow("wavelet", wavelet);
    waitKey(0);
    return 0;
    }
```

2．运行结果

由于数字图片文件过大，因此我们往往会对图片文件做图像压缩，压缩之后的图片文件不仅便于存放于计算机中，也方便我们在网络上传送。哈尔小波变换的应用之一便是压缩图像。压缩图像的基本概念为将图像存成一个矩阵，矩阵中的每一元素则代表图像的像素值，介于 0 和 255 之间。例如，256×256 大小的图片会被存成 256×256 大小的矩阵。JPEG 影像压缩的概念为将图像切成 8×8 大小的区块，每一区块为一个 8×8 的矩阵。代码运行结果如图 4.3 所示。

图 4.3　代码运行结果

4.3.4 小波神经网络

$\forall f(t) \in L^2(R)$，假设目标限制在时间和频率域范围内，则反演公式能用有限的隐层单元来实现逼近。由式（4.3.6），对于$\forall \varepsilon > 0$，$\exists m$和n，使得

$$\| f(t) - \sum_{m,n} < f, \varphi_{m,n} > \varphi_{m,n}(t) \| < \varepsilon \tag{4.3.13}$$

训练数据集$T_N = \{(t_i, f(t_i))\}_{i=1}^{N}$通过小波神经网络寻找到近似逼近$f(t)$的一个估计：

$$f(t) \cong \sum_{m,n} < f, \varphi_{m,n} > \varphi_{m,n}(t) \tag{4.3.14}$$

如此可构造具有三层结构（$1 \times M \times 1$）的小波神经网络，如图4.4所示。输入和输出单元是线性元素，隐层单元的输出函数满足允许条件和稳定条件，即满足式（4.3.7）和式（4.3.12）。网络能够充分地逼近目标函数，亦即M个时间–频率窗能有效地覆盖时间–频率区域。设由小波神经网络实现得到的函数为$g(t)$，则

$$g(t) = \sum_{m,n} c_{m,n} \varphi_{m,n}(t) \tag{4.3.15}$$

其中$c_{m,n}$是隐层和输出层单元的权值参数，可从训练误差$e_N(f,g)$的最小均方来获得$c_{m,n}$。

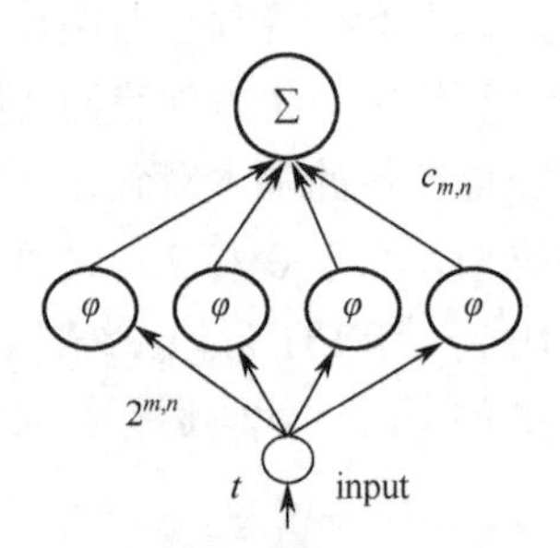

图4.4 小波神经网络

4.3.5 网络设计算法

本算法采用禁忌搜索算法来寻找m和n，充分利用了禁忌搜索算法中的邻域搜索的功能。

由式（4.3.15），设计算法如下。

步骤1：已知时间序列的数据集T：

$$T = \{(t_k, f_k) \mid t_k \in [t_{\min}, t_{\max}], k = 1 \sim N\} \tag{4.3.16}$$

步骤2：用傅里叶分析来估计数据集T的频率界$\omega \in [\omega_{\min}, \omega_{\max}]$。

步骤 3: 选出所有的其中心在时间–频率集 Q 中的窗口的小波，其个数为 N。

$$Q=[t_{\min},t_{\max}]\times[\omega_{\min},\omega_{\max}] \tag{4.3.17}$$

步骤 4：采用禁忌搜索算法寻找 m 和 n 的优化组合，即窗口的优化排列。参数 $c_{m,n}$ 采用梯度下降法来修正。代码采用二进制串来表示，其中每一位表示隐层单元存在与否，1 表示存在，0 表示不存在。串长为 N，邻域设定为串中任意两位取反，邻域大小为 $\frac{N(N-1)}{2}$。目标函数取为

$$E_i=\frac{1}{M}\sum_{k=1}^{M}\{g(x_k)-f_k\}^2+\alpha p \tag{4.3.18}$$

搜索过程中使用 Tabu 表和频数表，α 为频数惩罚系数，p 为重复搜索的次数。

4.3.6　实验结果及结论

对上述算法进行实验，选取如下的基函数作为母小波：

$$\varphi(x)=x\exp(-x^2/2) \tag{4.3.19}$$

由式（4.3.8）和式（4.3.9）可以计算出其时域和频域的中心和半径为

$$\begin{cases}\bar{x}=0\\ \Delta_{\varphi}=\sqrt{\frac{3}{2}}\end{cases}\qquad\begin{cases}\bar{\omega}=\frac{2}{\sqrt{\pi}}\\ \Delta_{\hat{\varphi}}=\sqrt{\frac{3}{2}-\frac{4}{\pi}}\end{cases} \tag{4.3.20}$$

取目标函数如下：

$$f(x)=x\sin(x)\cos(5x)\sin(10x)\cos(30x)\sin(50x) \tag{4.3.21}$$

此目标函数在[0,1]内采样，当采样率为 $\omega_s=128\pi$ 时，可以得到 64 个样本。由快速傅里叶变换可得到样本的频带为

$$\omega\in[2\pi,12\pi]\cup[20\pi,32\pi] \tag{4.3.22}$$

在上述的时频带中有 248 个小波基函数，对这些基函数进行优化，在 35 代后得到 104 个小波基函数。即经过优化后可以减少隐节点的个数，优化网络结构。参数设置如下：

$$b_0=1.0\text{，}\alpha=0.5\text{，TabuSize=7，NG=100}$$

图 4.5 为目标函数的曲线，图 4.6 为目标函数的近似曲线。表 4.1 是几种网络的误差估计值，RMSE1 表示近似误差估计，RMSE2 表示一般误差估计，TWN 表示用禁忌搜索方法设计的小波网络，WN1 表示用遗传算法设计的小波网络，WN2 表示一般的小波网络，MLP 表示多层感知器网络。

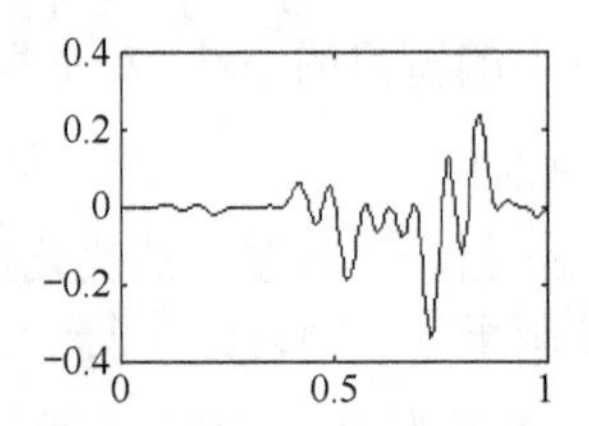

图 4.5　目标函数的曲线

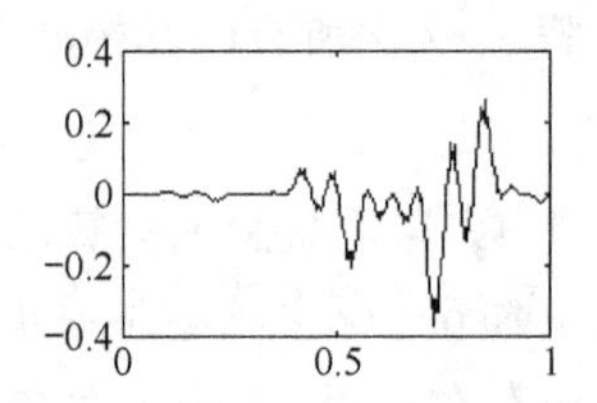

图 4.6　目标函数的近似曲线

表 4.1　几种网络的误差估计值

网络	N	RMSE1	RMSE2
WN1	139	3.48E-3	7.22E-2
WN2	248	4.60E-4	1.05E-2
MLP	139	2.49E-2	2.38E-2
TWN	104	4.34E-4	1.04E-2

4.4　基于小波神经网络的模型预测研究

4.4.1　Harr 基小波

由观察的数据开发其模型（或称函数学习）是许多领域的一个基本问题，例如，统计数据分析、信号处理、控制、预测和人工智能等，这个问题也常常涉及函数估计、函数逼近、系统辩识和回归分析等[3]。神经网络是函数学习中近来常常使用的方法，这是由于在非参数方法估计中神经网络显示了其强大的优势，尤其是近年来对神经网络的理论研究使其应用日益广泛。本节基于文献[1-3]，实现了 Harr 基小波神经网络，并用此网络对数学规划形式化描述[9]的回归函数进行逼近，实现了模型预测。

Q.Zhang 和 A.Benveniste[1]使用的小波并不是正交基，大部分小波函数族是相关的，因此具有冗余性，而正交基的独立性优点使研究者们对正交小波基更热衷，而 Harr 基是最简单的小波规范正交基。选择尺度函数：

$$\varphi(x)=\begin{cases}1，0\leqslant x<1\\0，\quad 其他\end{cases} \tag{4.4.1}$$

则

$$\psi(x)=\varphi(2x)-\varphi(2x-1)=\begin{cases}1,0\leqslant x<\dfrac{1}{2}\\-1,\dfrac{1}{2}\leqslant x<1\\0，其他\end{cases} \tag{4.4.2}$$

$$\psi_{mn}(x)=2^{\frac{m}{2}}\psi(2^m x-n),\ m,n\in Z \tag{4.4.3}$$

式（4.4.3）构成 $L^2(R)$ 的规范正交基，此即 Harr 基。此小波基产生一个 $L^2(R)$ 的正交分解：

$$L^2(R)=\oplus W_m \tag{4.4.4}$$

其中 W_m 是由 $\{\psi_{mn}(x)\}_{n=-\infty}^{n=+\infty}$ 张成的子空间。

由式（4.4.1）产生的 $L^2(R)$ 的多分辨分析（Multiresolution Analysis，MRA）：

$$\cdots\subset V_{-1}\subset V_0\subset V_1\subset V_2\subset\cdots$$

使得

$$\bigcap_m V_m=\{0\}\qquad \text{clos}\left\{\bigcup_m V_m\right\}=L^2(R) \tag{4.4.5}$$

其中 V_m 是由 $\left\{\varphi_{mn}(x)=2^{\frac{m}{2}}\varphi(2^m x-n)\right\}_{n=-\infty}^{n=+\infty}$ 张成的子空间。故有

$$V_{m+1}=V_m\oplus W_m \tag{4.4.6}$$

$\forall f(t)\in L^2(R)$，可得 $f(t)=\sum\limits_{m,n}<f,\psi_{mn}>\psi_{mn}(t)$。对于某个整数 M，我们能够在 V_M 中以任意精度逼近 $f(t)$，即 $\forall\varepsilon>0$，$\exists$ 一个足够大的 M，使得

$$\left\|f(t)-\sum_n<f,\varphi_{M,n}(t)>\varphi_{M,n}(t)\right\|<\varepsilon$$

此处的范数为 L^2 范数。

4.4.2　Harr 基小波神经网络

类似于 RBF 网络结构，采用 $L^2(R)$ 上的规范正交 Harr 基的尺度函数取代径向函数，得到 Harr 基小波神经网络，为函数学习提供了一种简单的小波网络。对训练数据集 $T_N=\{(t_i,f(t_i))\}_{i=1}^N$ 通过小波神经网络进行函数学习，寻找到近似逼近 $f(t)$ 的一个估计：

$$f(t)\cong\sum_k<f,\varphi_{M,k}>\varphi_{M,k}(t) \tag{4.4.7}$$

如此可构造具有三层结构的 Harr 基小波神经网络，如图 4.7 所示。

其中，输入层为全通节点，输出为 t，隐含层包含由 k 标记的数个节点，其权值为 2^M，激活函数为 $\varphi(\bullet)$，第 k 个节点的阈值为 k，输出节点的阈值为 0，其权值由式（4.4.7）的系数表示。

设由 Harr 基小波神经网络实现得到的函数为 $g(x)$，则

$$g(x)=\sum_{k=-K}^{K}c_k\varphi_{M,k}(t) \tag{4.4.8}$$

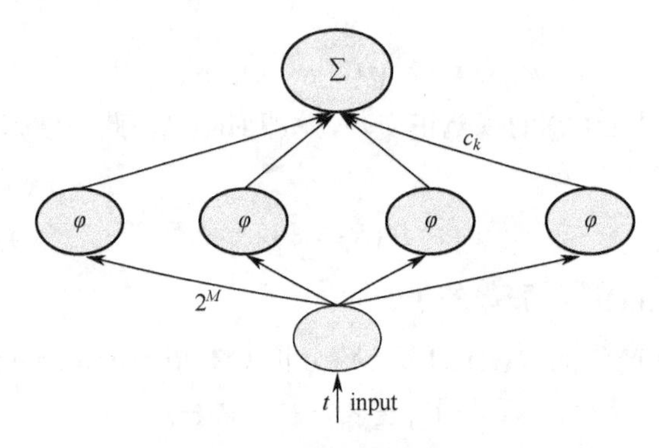

图 4.7　Harr 基小波神经网络

由训练数据集T_N，可从训练误差$e_N(f,g)$的最小均方来获得c_k，即

$$(\hat{c}_{-K},\cdots,\hat{c}_K)=\arg\min_{(c_{-K},\cdots,c_K)} e_N(f,g) \tag{4.4.9}$$

其中，$e_N(f,g)=\frac{1}{N}\sum(f(t_i)-g(t_i))^2$，由梯度下降法可得$\hat{c}_k$。

对小波神经网络的特性进行分析，令函数集F定义在R^d上，$F=\bigcup\limits_n F_n$，其中F_n是函数子集，例如，用尺度$n=2^M$的尺度函数构成小波神经网络的函数集为F_n。$C(U)$为连续函数空间，$U\subset R^d$，对$\forall f\in C(U)$，存在一个序列f_n，$f_n\in F_n$，使得一致地有$f_n\to f$，则F具有一致逼近性。若收敛性是L^2的，而不是一致的，则F具有L^2逼近性。由此，我们可以得出如下推论。

推论 1：Harr 基小波神经网络具有一致逼近性和L^2逼近性。

推论 2：假设训练数据集$T_N=\{(t_i,f(t_i))\}_{i=1}^N$中，$x_i(i=1,\cdots,N)$是独立且同分布的，式（4.4.9）的网络权值由$\hat{c}_{N,k}$表示，则对于$\forall k$，在式（4.4.9）的 Harr 基小波神经网络中，有

$$\lim_{N\to\infty}\hat{c}_{N,k}=c_k^{(0)} \tag{4.4.10}$$

其中$c_k^{(0)}=<f,\varphi_{M,k}>$。

4.4.3　预测模型

回归分析是对数据进行预测的方法之一，回归模型的确定需要对历史数据进行分析，根据经验确定回归模型。预测模型即估计函数f是点或特征向量从输入空间X到输出空间Y的映射，已知一个有限的映射样本集$\{x^i,f(x^i)\}_{i=1}^M\subset R^2$，我们能够从这个有限样本集（或称训练集）来构造$f$的估计$\hat{f}$。如果预测的量是离散的，则称为分类问题；若预测的量是连续的，则称为回归问题[9]。上述分析表

明，采用本节提出的 Harr 基小波神经网络对回归模型逼近，可以得到

$$\hat{f}(x)=\sum_{k}<f,\varphi_{Mk}>\varphi_{Mk}(x) \tag{4.4.11}$$

由此逼近的回归模型可得到任何精度的预测值，且不需要先用经验确定回归模型。此方法作为非参数估计法有效地实现了回归模型的逼近。

4.5　BP 神经网络

4.5.1　算法实现

BP（Back Propagation）神经网络是 1986 年由 Rumelhart 和 McClelland 等科学家提出的概念，是一种按照误差逆向传播算法训练的多层前馈神经网络，是目前应用最广泛的神经网络。

人工神经网络无须事先确定输入与输出之间映射关系的数学方程，仅通过自身的训练，学习某种规则，在给定输入值时得到最接近期望输出值的结果。作为一种智能信息处理系统，人工神经网络的核心是算法。BP 神经网络是一种按误差反向传播（简称误差反传）训练的多层前馈网络，其算法称为 BP 算法，它的基本思想是梯度下降法，利用梯度搜索技术，以期使网络的实际输出值和期望输出值的误差均方差为最小。

基本 BP 算法包括信号的前向传播和误差的反向传播两个过程。即计算误差输出时按从输入到输出的方向进行，而调整权值和阈值则按从输出到输入的方向进行。正向传播时，输入信号通过隐层作用于输出节点，经过非线性变换，产生输出信号，若实际输出与期望输出不相符，则转入误差的反向传播过程。误差反传是将输出误差通过隐层向输入层逐层反传，并将误差分摊给各层所有单元，将从各层获得的误差信号作为调整各单元权值的依据。通过调整输入节点与隐层节点的连接强度和隐层节点与输出节点的连接强度以及阈值，使误差沿梯度方向下降，经过反复学习训练，确定与最小误差相对应的网络参数（权值和阈值），训练即停止。此时经过训练的神经网络即能对类似样本的输入信息自行处理，并输出误差最小的经过非线性变换的信息。

源代码如下[18]：

```
#环境：Python3.5
#coding=utf-8
from sklearn.datasets import load_digits#数据集
from sklearn.preprocessing import LabelBinarizer#标签二值化
```

```
from sklearn.cross_validation import train_test_split#数据集分割
import numpy as np
import pylab as pl#数据可视化
def sigmoid(x):#激活函数
    return 1/(1+np.exp(-x))

def dsigmoid(x):#sigmoid的倒数
    return x*(1-x)
 class NeuralNetwork:
 def __init__(self,layers):  #这里是三层网络，列表[64,100,10]表示输入层、
                             #隐层、输出层的单元个数
                             #初始化权值，范围为 1~-1
  self.V=np.random.random((layers[0]+1,layers[1]))*2-1
                                    #隐层权值(65,100)
                                    #之所以是 65，是因为有偏置 W0
        self.W=np.random.random((layers[1],layers[2]))*2-1#(100,10)

    def train(self,X,y,lr=0.1,epochs=10000):
    #lr为学习率，epochs为迭代的次数
    #为数据集添加偏置
    temp=np.ones([X.shape[0],X.shape[1]+1])
    temp[:,0:-1]=X
    X=temp#这里最后一列为偏置
    #进行权值训练更新
    for n in range(epochs+1):
        i=np.random.randint(X.shape[0])#随机选取一行数据(一个样本)
                                        #进行更新
        x=X[i]
        x=np.atleast_2d(x)#转为二维数据
        L1=sigmoid(np.dot(x,self.V))#隐层输出(1,100)
        L2=sigmoid(np.dot(L1,self.W))#输出层输出(1,10)
        #delta
        L2_delta=(y[i]-L2)*dsigmoid(L2)#(1,10)
      L1_delta=L2_delta.dot(self.W.T)*dsigmoid(L1)  #(1,100)，这
                                        #里是数组的乘法，对应元素相乘

        #更新
```

```
        self.W+=lr*L1.T.dot(L2_delta)#(100,10)
        self.V+=lr*x.T.dot(L1_delta)#

        #每训练 1000 次，预测准确率
        if n%1000==0:
            predictions=[]
            for j in range(X_test.shape[0]):
                out=self.predict(X_test[j])            #用验证集去测试
                predictions.append(np.argmax(out))    #返回预测结果
            accuracy=np.mean(np.equal(predictions,y_test))#求平均值
            print('epoch:',n,'accuracy:',accuracy)
        def predict(self,x):
        #添加转置，这里是一维的
        temp=np.ones(x.shape[0]+1)
        temp[0:-1]=x
        x=temp
        x=np.atleast_2d(x)

        L1=sigmoid(np.dot(x,self.V))#隐层输出
        L2=sigmoid(np.dot(L1,self.W))#输出层输出
        return L2
digits=load_digits()          #载入数据
X=digits.data                 #数据
y=digits.target               #标签
print y[0:10]
#数据归一化，一般是 X=(X-X.min)/X.max-X.min
X-=X.min()
X/=X.max()
#创建神经网络
nm=NeuralNetwork([64,100,10])
X_train,X_test,y_train,y_test=train_test_split(X,y)#默认分割：3:1
#标签二值化
labels_train=LabelBinarizer().fit_transform(y_train)
#print labels_train[0:10]
labels_test=LabelBinarizer().fit_transform(y_test)
print ('start')
nm.train(X_train,labels_train,epochs=20000)
print ('end')
```

4.5.2 运行实例

BP 神经网络的计算过程由正向传播过程和反向传播过程组成。在正向传播过程中，输入模式从输入层经隐层逐层处理，并转向输出层，每一层神经元的状态只影响下一层神经元的状态。如果在输出层不能得到期望的输出，则转入反向传播，将误差信号沿原来的连接通路返回，通过修改各神经元的权值，使得误差信号最小。本实例是三层网络，列表[64,100,10]表示输入层、隐层、输出层的单元个数。lr 为学习率，epochs 为迭代的次数，每训练 1000 次后预测准确率，用验证集去测试，训练结果如图 4.8 所示。

```
start
epoch: 0 accuracy: 0.11333333333333333
epoch: 1000 accuracy: 0.6311111111111111
epoch: 2000 accuracy: 0.7933333333333333
epoch: 3000 accuracy: 0.8488888888888889
epoch: 4000 accuracy: 0.8755555555555555
epoch: 5000 accuracy: 0.9
epoch: 6000 accuracy: 0.9244444444444444
epoch: 7000 accuracy: 0.9288888888888889
epoch: 8000 accuracy: 0.9288888888888889
epoch: 9000 accuracy: 0.9244444444444444
epoch: 10000 accuracy: 0.9422222222222222
epoch: 11000 accuracy: 0.9466666666666667
epoch: 12000 accuracy: 0.9288888888888889
epoch: 13000 accuracy: 0.9355555555555556
epoch: 14000 accuracy: 0.9511111111111111
epoch: 15000 accuracy: 0.9511111111111111
epoch: 16000 accuracy: 0.9511111111111111
epoch: 17000 accuracy: 0.96
epoch: 18000 accuracy: 0.9577777777777777
epoch: 19000 accuracy: 0.9622222222222222
epoch: 20000 accuracy: 0.9488888888888889
end
```

图 4.8 神经网络训练结果

4.6 神经网络在数据挖掘中的应用

KDD 是一种决策支持过程，它主要基于人工智能、机器学习、模式识别、统计学等方面的技术，高度自动化地分析大量的数据，从中挖掘出潜在的规律。本节针对神经网络在社保数据挖掘项目中对数据预处理的具体实现，分析神经网络在数据挖掘中的作用。尽管神经网络具有结构复杂、网络训练时间长、结果表示不容易理解等缺点[10]，但考虑其错误率低的优点，在非在线要求的情况下它的优势是不可否认的，而且我们在实现过程中充分认识到它不失为一种好的方法。

4.6.1 神经网络在可视化中的应用

可视化涉及知识发现的全过程，但主要集中在知识发现的前期及后期。我们处理的是大型数据库，每个数据库中都是多维数据，我们必须对数据进行处理。因而，怎样根据目标任务选取相关数据，怎样进行数据缩减，如何选取数据中与目标变量相关的特征属性，这些在整个数据挖掘的过程中尤为重要，理解数据是做好这些工作的前提。数据可视化无疑是一个较直观的方法，可视化的一个重点是将多维空间的数据在二维或三维空间内显示，并能理解各个特征属性的相关程度，有利于用户选择相关的特征属性。通过数据可视化，我们可以对数据做初步分类，并能对特征属性进行连续属性离散化，这对于采用分类算法的数据挖掘过程是极其有意义的。

由于我们目前处理的大多是多维数据库，怎样将多维数据库用二维或三维的形式表示出来是我们要解决的核心问题。针对这一问题，涌现了许多数据可视化的技术，大体分为散点矩阵法、投影矩阵法、平行坐标法，面向像素的可视技术、层次技术、动态技术、图标表示技术及一些几何学技术等。目前已经有许多软件采用这些技术，如 IBM 的并行可视系统、面向数据库系统的 TreeViz 及面向可视化的系统 ExVis。我们根据数据挖掘及其所采用的算法的特点，主要采用主成分分析法和因子分析法将多维变量表示为二维变量，依据此算法对数据进行简单分类，并了解特征属性的相关程度，对特征变量进行取舍。为了进一步了解各个特征属性之间的关系，我们采用散点矩阵法，并采用平行坐标法指导连续属性离散化。通过这些能更好地了解数据，有利于选择数据和处理数据。我们将关系数据库看成多变量数据集，数据库的各个属性对应多变量数据集的各个变量。对于多变量数据集，除了采用主成分分析法、因子分析法、散点矩阵法、平行坐标法、直方图法，以及其他几何映射技术的可视化方法，还可以采用自适应主成分提取的神经网络法[11]。此方法基于 E. Oja 提出的随机模式集合主成分提取的神经网络模型，如图 4.9 所示。其神经元的行为可以看作第一主成分的提取器。

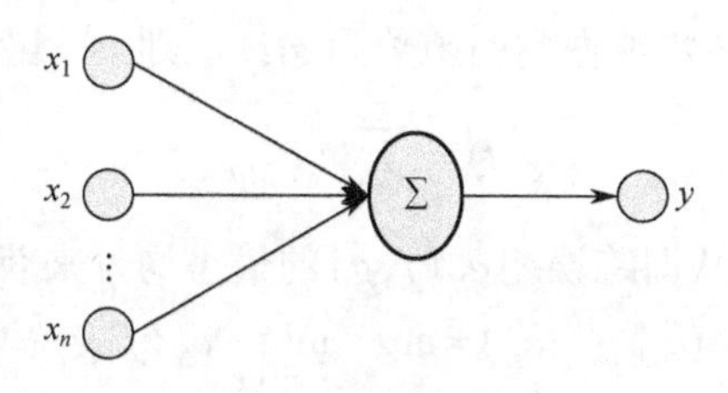

图 4.9　Oja 神经网络模型

参考 Oja 神经网络模型可以得到自适应主成分提取的神经网络模型，其中有 n 个输入 $\{x_1, x_2, \cdots, x_n\}$ 和 m 个输出 $\{y_1, y_2, \cdots, y_m\}$，它们之间的连接权值矩阵

为 $P=[P_{ij}]$。对行矢量 W 用反 Hebb 权值 W_j 规则。每一神经元的激活函数是其输入的线性组合：

$$\begin{cases} y = Px \\ y_m = px + Wy \end{cases} \tag{4.6.1}$$

其中，$x=[x_1,\cdots,x_n]^{\mathrm{T}}$，$y=[y_1,\cdots,y_{m-1}]^{\mathrm{T}}$，$P$ 是前 $m-1$ 个神经元的权值矩阵，而 p 是第 m 个神经元权值 p_{mj} 的行矢量。第 m 个神经元的学习算法为

$$\begin{cases} \Delta p = \beta(y_m x^{\mathrm{T}} - y_m^2 p) \\ \Delta W = -\gamma(y_m y^{\mathrm{T}} + y_m^2 W) \end{cases} \tag{4.6.2}$$

其中，β 和 γ 为两个不同的学习率参数[12,13]。

4.6.2 神经网络在分类中的应用

分类问题是数据挖掘中的一类问题。分类的目的是生成一个分类函数或分类模型，该模型能把数据库中的数据项映射到给定类别中的某一类。分类器的构造方法有统计方法、机器学习方法、神经网络方法等[14]。我们采用的分类方法主要有贝叶斯法、近邻学习法、决策树法、规则归纳法及神经网络法。

分类和回归都可用于预测。预测的目的是从历史数据记录中自动推导出对给定数据的推广描述，从而能对未来数据进行预测[14]。我们对社保数据库中的工伤保险属性值进行了回归分析。从社保数据库中随机选取训练样本集及测试样本集，用小波神经网络对其回归模型进行逼近和预测，用文献[17]中的网络模型进行分类。

对训练数据集 $T_N=\{(t_i,f(t_i))\}_{i=1}^{N}$ 通过小波神经网络进行函数学习，寻找到近似逼近 $f(t)$ 的一个估计：

$$f(t) \cong \sum_k < f,\varphi_{M,k} > \varphi_{M,k}(t) \tag{4.6.3}$$

设由小波神经网络实现得到的函数为 $g(t)$，则

$$g(t) = \sum_{k=-K}^{K} c_k \varphi_{M,k}(t) \tag{4.6.4}$$

由训练数据集 T_N，可从训练误差 $e_N(f,g)$ 的最小均方来获得 c_k，即

$$(\hat{c}_{-K},\cdots,\hat{c}_K) = \arg\min_{(c_{-K},\cdots,c_K)} e_N(f,g) \tag{4.6.5}$$

其中，$e_N(f,g)=\dfrac{1}{N}\sum(f(t_i)-g(t_i))^2$。为避免陷入局部最小点，采用模拟退火法（SA）来求 $\hat{c}_k$。

文献[10]中的网络模型为三层前馈网络，如图 4.10 所示。假设 n 维空间中输入元被分为三类，记为 c_1、c_2、c_3，输出层的节点数为分类数。在 c_1 中的所有模式用目标值$\{1,0,0\}$来训练网络，在 c_2、c_3 中的所有模式分别用$\{0,1,0\}$和$\{0,0,1\}$来训练网络，则一个输入元将被分类到输出节点。此算法实现了分类规则的挖掘。

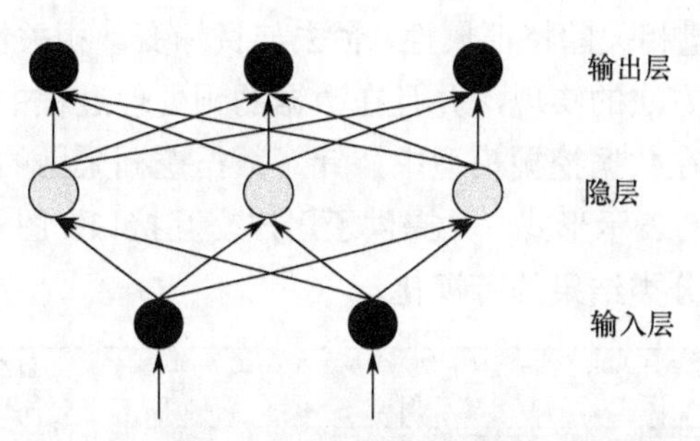

图 4.10　三层前馈网络

设输入模式为 x^i，$i \in \{1,2,\cdots,k\}$，其中 k 是数据集中元的个数，w_l^m 为输入层的第 l 个节点和隐层的第 m 个节点的连接权值，第 m 个隐层节点的激活值为

$$\alpha^m = f(\sum_{l=1}^{n}(x_l^i w_l^m) - \tau^m \tag{4.6.6}$$

其中，$f(x) = (e^x - e^{-x})/(e^x + e^{-x})$。对于输入元 x^i，输出层的第 p 个节点的值为

$$S_p^i = \sigma(\sum_{m=1}^{h}\alpha^m v_p^m) \tag{4.6.7}$$

其中，$\sigma(x) = 1/(1+e^{-x})$，v_p^m 是隐层第 m 个节点和输出层第 p 个节点的连接权值。

如果满足下面的条件，一个元 x^i 就能正确地被分类：

$$\max_p |e_p^i| = \max_p |S_p^i - t_p^i| \leqslant \eta \tag{4.6.8}$$

其中，当 $x^i \in c_1$ 时 $t_1^i = 1$，$x^i \in c_2$ 时 $t_2^i = 1$，$x^i \in c_3$ 时 $t_3^i = 1$，否则 $t_p^i = 0$。η 是一个小于 0.5 的正数，此处取 $\eta = 0.2$。权值的学习算法满足 $\min(E(w,v) + P(w,v))$，其中

$$E(w,v) = -\sum_{i=1}^{k}\sum_{p=1}^{o}(t_p^i \log S_p^i + (1-t_p^i)\log(1-S_p^i)) \tag{4.6.9}$$

$$P(w,v) = \varepsilon_1(\sum_{m=1}^{h}\sum_{l=1}^{n}\frac{\beta(w_l^m)^2}{1+\beta(w_l^m)^2} + \sum_{m=1}^{h}\sum_{p=1}^{o}\frac{\beta(v_p^m)^2}{1+\beta(v_p^m)^2}) + \varepsilon_2(\sum_{m=1}^{h}\sum_{l=1}^{n}(w_l^m)^2 + \sum_{m=1}^{h}\sum_{p=1}^{o}(v_p^m)^2) \tag{4.6.10}$$

其中，h 为输入层的节点数，o 为输出层的节点数，ε_1 和 ε_2 为两个正的权值

衰减参数。

4.6.3 实验结果及分析

在 KDD 过程中，我们采用上述方法对社保数据库中的实验数据进行了简单分析。根据对数据的前期分析结果，对数据进行预处理，对数据属性进行分析，得出与目标变量相关的特征属性，舍去与目标变量相关性较小的特征属性，这样有利于可视化方法的实现，并且在数据的预处理过程中简化了数据选择与数据缩减的处理。在数据挖掘模型中，针对数据挖掘采用的分类算法，我们采用决策树、规则树的表示形式，并提供了用户交互接口。图 4.11 和图 4.12 是特征选择的可视化和分类结果的可视化。

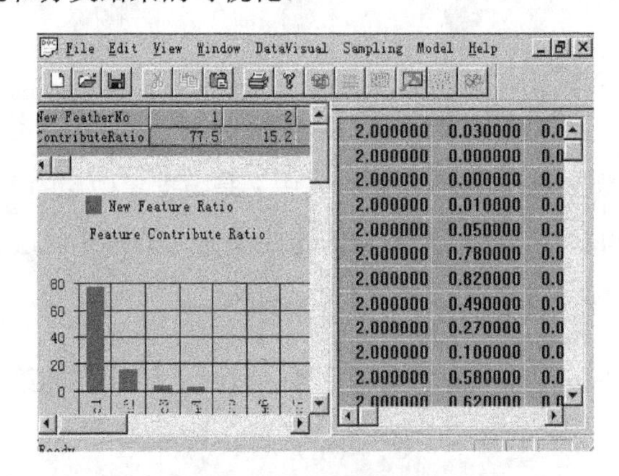

图 4.11　特征选择的可视化

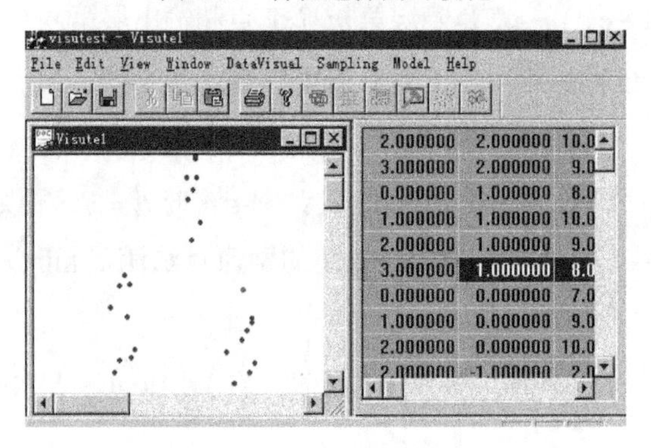

图 4.12　分类结果的可视化

本节对数据挖掘中的数据处理方法进行了讨论，主要讨论了自适应主成分提取的神经网络、小波神经网络及三层前馈网络在数据挖掘可视化及分类中的应用，强调了神经网络在 KDD 中的作用。

4.7　研究现状与发展趋势

最近几年学术界的研究进展也在多个层面证实了神经网络的优势，然而，神经网络的训练高度依赖大规模的标记训练数据，其过于复杂的网络结构让它在面对小规模的数据集时往往无从下手，如何在神经网络中实现数据的有效学习仍然需要进一步研究。其中，让神经网络根据训练数据的具体规模和复杂程度，自适应地选择网络的拓扑结构，是减少其对标记数据依赖的一个有效途径[20]。相较于采用结构固定的神经网络，优化网络的结构有助于剔除冗余的连接，使最终学习到的网络能够具有合适的模型复杂度，从而降低标记训练数据过少时所存在的过拟合风险[21]。值得一提的是，神经网络的结构优化属于黑箱优化问题，其目标函数对于网络的结构来说是不可微的，不能像优化网络的连接权值那样通过随机梯度下降完成。早期的神经网络结构优化算法包括构造算法（Constructive Algorithm）[22, 23]和消去算法（Destructive Algorithm）[24, 25]。其中，构造算法以最简单的网络结构作为起点，逐步在网络中增加神经元和连接；相反，消去算法以最复杂的网络结构作为起点，逐步减少网络中不必要的神经元和连接。由于构造算法和消去算法都通过贪心的方式优化神经网络的结构，因此它们只能在局部的解空间对网络进行搜索，具有较大的限制性[26]。在文献[27]中，Nikolaev 等人提出了使用进化算法学习神经网络的结构，将网络中的各个连接编码为二进制的基因序列，继而利用交叉、变异算子不断进化出更好的网络，网络结构的适应度通过使用随机梯度下降算法对其连接权值进行优化后评估。在文献[28]中，Tsai 等人进一步提出了同时对网络的拓扑结构和连接权值进行进化，从而避免因梯度下降算法的随机性给网络适应度的评估带来干扰[29]。在文献[30]中，Li 等人提出了使用粒子群算法学习神经网络的结构，取得了较好的优化结果。在文献[31]中，Ahmadizar 等人提出了使用混合进化的方式学习网络，他们的方法分别采取不同的进化策略对网络的结构和各连接权值进行优化，成功地学习到了具有较强泛化能力的模型。

近年来，有关深度神经网络的结构优化也开始受到学术界的广泛关注和研究[32]。贝叶斯最优化是最早被应用于深度神经网络结构优化的技术[33,34]。在文献[35]中，Mendoza 等人设计了基于随机森林的贝叶斯最优化方法，相比于专家手工设计的网络，在多组数据集上取得了更好的预测性能。随后，Zoph 等人在文献[36]中提出了通过强化学习的方式优化深度模型的神经结构，使用 800

个 GPU 训练模型，在 CIFAR-10 数据集上取得了令人印象深刻的结果，使得有关深度神经网络结构学习的研究逐渐成为一项主流的研究课题[37-39]。此外，进化算法仍然在深度学习的网络结构优化中发挥着作用[40-42]，通过采用变异算子对深度学习的神经结构进行搜索，并结合随机梯度下降算法优化网络连接权值，进化算法能够在深度模型的结构优化上取得与强化学习同等水平的测试结果，甚至能表现出更好的稳健性[43]。在文献[44]与文献[45]中，深度模型的搜索空间采用树状结构进行建模，并结合蒙特卡洛树搜索对深度学习的网络结构进行优化，能够有助于更加快速地得到高质量的网络结构。

4.8 本章小结

本章对神经网络基础知识进行了概述，给出了基于禁忌搜索算法的小波神经网络设计方法，确定了神经网络的结构，以及适合具体问题的小波神经网络的规模。

回归分析是对数据进行预测的方法之一，回归模型的确定需要对历史数据进行分析，根据经验确定回归模型。本章对基于小波神经网络的模型预测进行了研究，用 Harr 基小波神经网络实现了回归模型的逼近。由此可得到任何精度的预测值，并且不需要先用经验确定回归模型。此方法作为非参数估计法有效地实现了回归模型的逼近。

KDD 是一种决策支持过程，它主要基于人工智能、机器学习、模式识别、统计学等方面的技术，高度自动化地分析大量的数据，从中挖掘出潜在的规律。本章针对神经网络在社保数据挖掘项目中对数据预处理的具体实现，分析了神经网络在数据挖掘中的作用，对其在数据可视化及分类方面的应用进行了讨论和研究。

参考文献

[1] Q Zhang and A Benveniste. Wavelet Networks[J]. IEEE Trans. Neural Net, 1992, 3: 889-898.

[2] Pati and Krishnaprasad. Analysis and Synthesis of Feed-forword Neural Networks Using Discrete affine Wavelet Transformations[J]. IEEE Trans. Neural Net, 1993, 4: 73-85.

[3] J Zhang, et al. Wavelet Neural Networks for Function Learning[J]. IEEE Trans. On Signal Processing, 1995,43(6): 1485-1497.

[4] K Kobayashi and T Torioka. Designing Wavelet Networks Using Genetic Algorithms[M]. In Proceedings of 5th European Congress on Intelligent Techniques and soft Computing (EUFIT'97), 429-433.

[5] Y Oussar and G R Dreyfus. Initialization by Selection for Wavelet Network Training[EB/OL]. http://www.neurones.espi.fr/Francais.Docs/publications.html.

[6] C K Cui. An Introduction to Wavelets[M]. Xi'an Jiaotong University Press, 1994.

[7] 焦李成. 神经网络系统理论[M]. 西安: 西安电子科技大学出版社, 1996.

[8] 郑大哼. 禁忌搜索(Tabu Search)算法及 Python 实现[EB/OL]. https://blog.csdn.net/adkjb/article/details/81 712969, 2018-08-16.

[9] P S Bradley, Usama M Fayyad and O L Mangasarian. Mathematical Programming for Data Mining: Formulations and Challenges, Mathematical Programming Technical Report 98-01 CS Dept[M]. University of Wisconsin, Madison, WI, January 1998.

[10] H Lu, R Setiono and H Liu. NeuroRule: A Connectionist Approach to Data Mining[M]. Proceedings of the 21st VLDB Conference Zurich, Switzerland, 1995.

[11] 焦李成. 神经网络的应用与实现[M]. 西安: 西安电子科技大学出版社, 1996.

[12] 徐茜，常桂然. 可视化在知识发现中的研究与应用[C]. 国际香港——青岛会议论文集，1999.

[13] 徐茜. 知识发现中的数据采样和可视化方法的研究与实现[D]. 沈阳：东北大学, 2000.

[14] 王军. 数据库知识发现的研究[D]. 北京：中国科学院软件研究所, 1997.

[15] 梁艳春，王政，周春光. 模糊神经网络在时间序列预测中的应用[J]. 计算机研究与发展，1998, 35(7): 663-667

[16] Fayyad U M, Piatetsky-Shapiro G, Smyth P. From Data Mining to Knowledge Discovery in Databases[J]. AI Magazine, Fall, 1996: 37-54.

[17] Applicability of Genetic Alagorithms forAbductive Reasoning in Bayesian Belief Networks [EB/OL]. http: //www. eur. nl/fgg/mi/annrep94/p_08.html

[18] 16huakai. 机器学习与神经网络(四): BP 神经网络的介绍和 Python 代码的实现[EB/OL]. https://blog. csdn.net/hua kai16/article/details/77479127, 2017-08-22.

[19] kuweicai. 哈尔(Haar)小波变换的原理及 opencv 源代码[EB/OL]. https://blog.csdn.net/kuweicai/article/details/78894618, 2017-12-27.

[20] 吕凤毛. 面向数据有效学习的机器学习技术研究[D]. 北京：电子科技大学, 2018.

[21] C Xiao, Z Cai, Y Wang, et al. Tuning of the Structure and Parameters of a Neural Network Using a Good Points Set Evolutionary Strategy[C]. International Conference for Young Computer Scientists, Zhangjiajie, 2008, 1749-1754.

[22] M M Islam, X Yao, K Murase. A Constructive Algorithm for Training Cooperative Neural Network Ensembles[J]. IEEE Transactions on Neural Networks, 2003, 14(4): 820-834.

[23] R Parekh, J Yang, V Honavar. Constructive Neural-network Learning Algorithms for Pattern Classification[J]. IEEE Transactions on Neural Networks, 2000, 11(2): 436-451.

[24] H H Thodberg. Improving Generalization of Neural Networks Through Pruning[J]. International Journal of Neural Systems, 1991, 1(4): 317-326.

[25] R Reed. Pruning Algorithms-A Survey[J]. IEEE Transactions on Neural Networks, 1993, 4(5): 740-747.

[26] P J Angeline, G M Saunders, J B Pollack. An Evolutionary Algorithm That Constructs Recurrent Neural Networks[J]. IEEE Transactions on Neural Networks, 1994, 5(1): 54-65.

[27] N Y Nikolaev, H Iba. Learning Polynomial Feedforward Neural Networks by Genetic Programming and Backpropagation[J]. IEEE Transactions on Neural Networks, 2003, 14(2): 337–350.

[28] J T Tsai, J H Chou, T K Liu. Tuning the Structure and Parameters of a Neural Network by Using Hybrid Taguchi-genetic Algorithm[J]. IEEE Transactions on Neural Networks, 2006, 17(1): 69–80.

[29] X Yao, Y Liu. A New Evolutionary System for Evolving Artificial Neural Networks[J]. IEEE Transactions on Neural Networks, 1997, 8(3): 694-713.

[30] L Li, B Niu. A Hybrid Evolutionary System for Designing Artificial Neural Networks[C]. International Conference on Computer Science and Software Engineering, Wuhan, 2008, 859-862.

[31] F Ahmadizar, K Soltanian, F Akhlaghian Tab, et al. Artificial Neural Network Development by Means of a Novel Combination of Grammatical Evolution and Genetic Algorithm[J]. Engineering Applications of Artificial Intelligence, 2015, 39: 1-13.

[32] T Elsken, J H Metzen, F Hutter. Neural Architecture Search: A Survey[J]. Ar Xiv Preprint: 1808.05377, 2018.

[33] J Bergstra, D Yamins, D D Cox. Making A Science of Model Search: Hyperparameter Optimization in Hundreds of Dimensions for Vision Architectures[C]. International Conference Onmachine Learning, Atlanta, 2013, 115-123.

[34] T Domhan, J T Springenberg, F Hutter. Speeding Up Automatic Hyperparameter Optimization of Deep Neural Networks by Extrapolation of Learning Curves[C]. International Joint Conference on Artificial Intelligence, Buenos Aires, 2015, 3460-3468.

[35] H Mendoza, A Klein, M Feurer, et al. Towards Automatically-Tuned Neural Networks[C].

Workshop on Automatic Machine Learning, New York, 2016, 58-65.

[36] B Zoph, Q V Le. Neural Architecture Search with Reinforcement Learning[J]. Ar Xiv Preprint:1611.01578, 2016.

[37] B Baker, O Gupta, N Naik, Et Al. Designing Neural Network Architectures Using Reinforcement Learning[J]. Ar Xiv Preprint:1611.02167, 2016.

[38] Z Zhong, J Yan, W Wu, et al. Practical Block-wise Neural Network Architecture Generation[C]. IEEE Conference on Computer Vision and Pattern Recognition, Salt Lake City, 2018, 2423-2432.

[39] B Zoph, V Vasudevan, J Shlens, et al. Learning Transferable Architectures for Scalable Image Recognition[J]. Ar Xiv Preprint:1707.07012, 2017.

[40] E Real, S Moore, A Selle, et al. Large-Scale Evolution of Image Classifiers[J]. Ar Xiv Preprint:1703.01041, 2017.

[41] M Suganuma, S Shirakawa, T Nagao. A Genetic Programming Approach to Designing Convolutional Neural Network Architectures[C]. Genetic and Evolutionary Computation Conference, Berlin, 2017, 497–504.

[42] H Liu, K Simonyan, O Vinyals, et al. Hierarchical Representations for Efficient Architecture Search[J]. Ar Xiv Preprint: 1711.00436, 2017.

[43] E Real, A Aggarwal, Y Huang, et al. Regularized Evolution for Image Classifier Architecture Search[J]. Ar Xiv Preprint: 1802.01548, 2018.

[44] R Negrinho, G Gordon. Deeparchitect: Automatically Designing and Training Deep Architectures[J]. Ar Xiv Preprint: 1704.08792, 2017.

[45] M Wistuba. Finding Competitive Network Architectures Within A Day Using UCT[J]. Ar Xiv Preprint: 1712.07420, 2017.

第5章

基于用户需求模型的中英文 WWW 搜索引擎

5.1 WWW 概述

Internet 起源于 20 世纪 70 年代美国国防部高级研究计划局的 ARPANET，后者在 80 年代后逐渐被美国国家科学基金会的 NSFNET 所代替，最终形成了现在的 Internet。Internet 的出现极大地推动了全球信息化进程，但同时也带来了丰富的信息资源和较弱的信息检索能力的矛盾。为了解决这个问题，从 20 世纪 80 年代开始人们就开发了诸如 Archive、WAIS 等检索工具进行网络信息的查询。伴随着 WWW（World Wide Web）在全球的普及和流行，加入 Internet 的主机和网络成倍增加。WWW 以其图文并茂的特点受到了人们的普遍欢迎，很多组织和机构都建立了自己的 Web 站点。随着 Internet 规模的增长、WWW 服务器数量的不断增加，每天都有大量的站点更新信息。据权威机构统计，现在全球在 Internet 上有上千万台服务器、8 亿个主页，而且每天还要增加 150 万个主页。Internet 上蕴藏着丰富的信息资源，但要从这个信息海洋中准确、方便、迅速地找到并获得自己所需的信息，却比较困难。因此，20 世纪 90 年代中期出现了检索 Internet 上资源的搜索引擎技术，并以此构造检索各类网络信息资源的体系结构。

近年来，Internet 在我国发展非常迅速，中国教育和科研计算机网（CERNET）已经连接了 300 余所高等院校，中国公用计算机互联网（CHINANET）、中国科技网（CSTNET）、金桥网（CHINAGBN）等也有了相当大的规模，特别是有大量的中文信息资源。随着各个网络的建设和发展，对网络信息挖掘服务提出了更高的要求，需要开发适合中英文信息挖掘的工具和系统。

5.1.1　搜索引擎技术

WWW上的信息在不断增加和更新。因此，要求Web信息索引与检索服务系统能够在较短的时间、指定的范围内自动发现新的信息，对其所覆盖的资料进行自动更新，并根据检索规则对从其他Web服务器得到的数据进行加工处理、自动建立索引。搜索引擎技术是为检索万维网信息资源而产生的。

根据信息收集与索引方式的不同，检索工具可分为两种，一种是通过相对集中的方法管理信息收集与索引过程，用户可通过电子邮件等手段注册自己的URL，如Yahoo；另一种是通过搜索引擎（软件Robot）来自动进行数据收集和索引工作，如Alta Vista、WebCrawler、InfoSeek、Lycos等。这些索引和检索工具的核心称为搜索引擎（Robot）。

搜索引擎是对WWW站点资源和其他网络资源进行索引和检索的信息查询系统，一般包括数据搜索机制、数据索引与组织机制及用户检索机制。其数据搜索机制按照一定规律对WWW站点进行搜索，并将搜索到的WWW页面信息存入搜索引擎的临时数据库中。一般来说，有人工采集和自动采集两种数据搜索方式。人工采集由专门的信息人员跟踪和选择有用的WWW站点或页面，并按规范方式进行分类索引，建立索引数据库。自动采集是通过被称为Robot的软件来完成的，Robot搜寻页面并建立、维护、更新索引数据库。自动采集能够自动搜索和索引网络上众多站点和页面，从而保障对如此丰富和迅速变化的网络资源的跟踪与检索的有效性和及时性；而人工采集基于专业性的资源选择和分析索引，保证了所收集的资源质量和索引质量。目前很多搜索引擎采用了自动采集和人工采集相结合的方式。

搜索引擎的数据索引与组织机制对WWW页面信息进行整理以形成规范的页面索引，并建立相应的索引数据库。它利用强有力的数据管理系统来组织搜索到的网页信息。一般来说，Robot以一个URL清单为基础，利用标准协议（如HTTP）依次请求相应的资源，并将其交给网页分析模块进行分析，通常抽取关键字、网页摘要、URL等信息。由于每个搜索引擎的抽取原则和方式不同，所以它们的索引记录内容可能也不相同。索引数据库是用户检索的基础，它的性能直接影响用户检索的效果。

搜索引擎的用户检索机制帮助用户用一定方式检索索引数据库以获得符合用户要求的WWW站点或页面。它能够接受用户检索要求，查询索引数据库，然后对结果记录进行整理组织。

目前国内外已经出现了很多搜索引擎，国外常用的有Yahoo、Alta Vista、

WebCrawler、InfoSeek、Lycos 等，国内也有搜狗、百度等中文搜索引擎。可以按照检索机制、检索内容、检索工具数量，将它们划分为以下各类。

按检索机制分为检索型、目录型和混合型搜索引擎。检索型搜索引擎通过用户直接输入关键字进行查询，Alta Vista、Excite、HotBot 等就属于这一类；目录型搜索引擎通过用户浏览层次型类别目录来寻找符合要求的信息资源，目录按照一定的主题分类进行组织，这类搜索引擎有 Yahoo 等；混合型搜索引擎兼有检索型和目录型两种功能，实际上现在的大多数搜索引擎属于这一类。

按检索内容分为综合型、专题型和特殊型搜索引擎。综合型搜索引擎在搜索信息资源时不限制资源的主题范围，人们可以利用它们检索几乎任何方面的信息，前面列举的 Yahoo、Alta Vista、Excite 属于这一类；专题型搜索引擎专门搜集某一范围的信息资源；特殊型搜索引擎指那些专门用来检索某一类型信息和数据的搜索引擎，如查询地图的 MapBlast、查询图像的 WebSeek 等。

按检索工具数量分为单独型和集合型搜索引擎。单独型搜索引擎拥有独立的网络资源搜索机制和索引数据库，而集合型搜索引擎没有自己独立的数据库，只是提供一个统一的界面，形成一个由多个分布的、具有独立功能的检索工具构成的整体。

5.1.2 WWW 中的术语、协议及相关技术

WWW 是一种客户–服务器模式，将信息的发现技术和超文本/超媒体技术综合起来，使分布式的多媒体信息（包括各种文本、图形、图像、音频等）无缝地集成起来，供用户访问。在服务器端运行 WWW 服务器（HTTPD），它保存 WWW 信息资源，具有代表性的 WWW 服务器软件有 CERN、NCSA、Netscape 公司的 Netsite 等。客户端运行基于 GUI 的 WWW 浏览器（WWW Browser），具有代表性的有 Internet Explorer、Mosaic 等，服务器和客户端通过 HTTP 交互。

WWW 涉及以下几个重要的 Internet 协议和标准：

（1）统一资源定位器（Universal Resource Locator，URL）；

（2）超文本传输协议（Hypertext Transfer Protocol，HTTP）；

（3）超文本标记语言（Hypertext Makeup Language，HTML）；

（4）公共网关接口（Common Gateway Interface，CGI）。

URN（Uniform Resource Name）和 URL 均可用于标识一个对象，目前常用的对象标识是 URL。URL 是一个指定网络资源的标准方法，它完整地描述了 Internet 上超媒体的文档地址。这个地址可以是本地磁盘，也可以是异地站点；地址访问可以是绝对的，也可以是相对的。在绝对方式下包括完整的主机名、

路径名和文件名；在相对方式下，假定主机和路径就是当前使用的名字，只需要指示目录名和文件名。URL 不仅可以描述 WWW 文档的地址，还可以描述其他服务器的地址。其格式如下。

（1）绝对方式：协议://主机:端口/路径/文件。

（2）相对方式：../another_dir/another_file。

协议包括 HTTP、FTP、Gopher、News 等。主机为该服务器的地址，可以为域名方式或 IP 方式。端口为服务器上提供该服务的对应端口号，若不写，则使用该协议的默认端口号，如 HTTP 默认端口号为 80，FTP 默认端口号为 21 等。

HTTP 是面向对象的应用层协议，具有简单灵活、无连接、无状态等特点，采用请求/响应的握手方式。事务处理过程如下。

（1）客户机与服务器建立 Socket 连接；

（2）客户机向服务器发送请求信息；

（3）服务器向客户机发送响应信息；

（4）客户机与服务器关闭连接。

HTTP 程序应具有客户机和服务器的双重功能。客户机和服务器的概念是相对的，只存在于某个特定的连接期间，即在某个连接中的客户机，可能是另一个连接中的服务器，反之亦然。HTTP 服务器还可以作为其他协议，如 FTP、SMTP、Gopher、WAIS 等的服务器代理。Internet 上的通信建立在 TCP/IP 连接之上，HTTP 默认 TCP 端口号为 80。一般的握手过程要求客户机在每次请求之前先建立连接，并在服务器发送响应之后关闭。而且，客户机和服务器还应具有处理任意一方因突发情况（如程序失败、用户强制或自动超时等）而关闭连接的能力。

HTML 是一种用于建立超文本/超媒体的标记语言，是 SGML（Standard Generalized Makeup Language，标准通用标记语言）的一种应用。超文本与普通文本的不同之处在于它是非线性的。用户在阅读这类文档时，可以从其中一个位置移到另一个位置，或者从一个文档移到另一个文档，都是以非顺序、跳跃性方式进行的。超媒体是超文本的扩展，它是超文本和多媒体的组合。在超媒体中，用户不但可以连接到文本文档，还能连接到其他形式的媒体，如图形、图像、音频、动画等。用户用鼠标单击超链接，即可获得各种各样的多媒体信息。HTML 语言定义的是一个文档的逻辑结构，HTML 指令称为标记。标记加上被它所标记的文本称为单元，一个 HTML 文档就是由一个个单元所组成的。标记的形式如下：

< 单元名 > 或 < /单元名 >

前者称为起始标记，后者称为停止标记。大多数单元以起始标记开始，以停止标记结束，中间为被标记的文本。单元还可以带参数，这些参数称为单元属性。带参数的单元形式如下：

< 单元名 属性名[=属性值] > 文本 < /单元名 >

有的单元的内容可以包含其他单元，即单元之间可以嵌套。一个 HTML 单元（< html>…< /html >）组成一个 HTML 文档，而一个 HTML 单元又由 HEAD 单元（< head >…< /head >）和 BODY 单元（< body >…</body >）组成。同样，HEAD 单元和 BODY 单元又分别由其他单元组成。这样，组成一个文档的特定单元形成一种树状结构。HEAD 单元包含那些通常不随文档一起显示的信息，BODY 单元的信息则是用于显示的。HTML 通过 URL 的语法，定义 Internet 节点的超链接，实现以整个 Internet 空间为背景的超文本/超媒体的数据访问。

CGI 是 WWW 信息系统中的一项关键技术。WWW 中的绝大多数信息是静态的，缺乏交互性，但通过 CGI 可以实现交互性。通过这个公共网关接口，可将其他信息系统（如 Whois、Gopher、Archie、DBMS）集成到 WWW 系统中，极大地扩展了 WWW 系统的功能，使“用 WWW 技术统一系统界面”的想法成为现实。CGI 程序具有扩展 Web 服务器基本功能的作用，并使服务器能为服务器本身通常无法处理的大量 Web 客户请求提供服务。CGI 在 Web 服务器与外部应用程序之间提供了一个标准接口，通过这个接口可以让客户访问任何应用程序和资源，如数据库、文档存储库、统计应用程序、专用处理程序等。CGI 编程最强大的一个功能是提供一种快速生成 HTML 文档的方法。这样 Web 网站不再是一个静态文件的存储库。使用 CGI 可以动态生成定制的 HTML 文档和带有用户规定内容的数据显示。CGI 的工作流程如图 5.1 所示，其步骤如下。

（1）Web 客户机与 Web 服务器建立连接；

（2）Web 客户机发出一个请求，这个请求通常用 GET 和 POST 这两种方法中的一种生成；

（3）来自客户机的数据从服务器传入 CGI 程序；

（4）CGI 程序读取客户机的数据，并进行处理；

（5）CGI 程序给客户机生成一个应答信息，它是一个典型的 HTML 文档；

（6）服务器将应答信息传递给提出请求的客户机，然后关闭与客户机的连接。

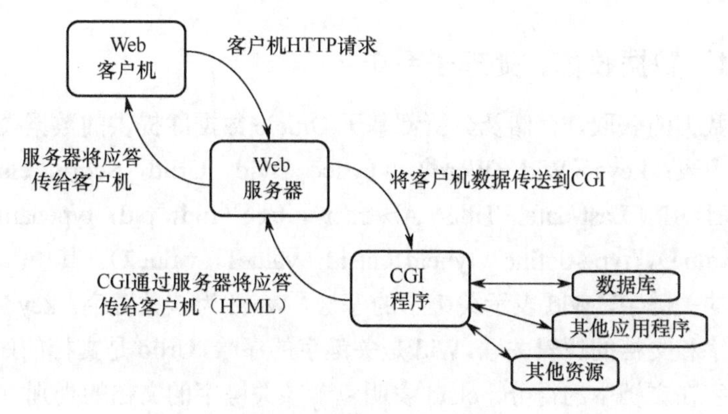

图 5.1　CGI 的工作流程

5.2　中英文 WWW 搜索引擎的结构

目前的 WWW 查询工具大部分为英文的，而国内网上资源多为中文的，很难被英文网络查询软件查找到，因而国内很多资源的利用率并不高。东北大学软件中心开发了中英文 WWW 索引和检索服务系统，旨在实现中英文搜索，它由数据收集、处理子系统，分类管理子系统和用户查询子系统组成，如图 5.2 所示。整个系统的运行围绕着数据库进行，数据收集、处理子系统负责在网络上收集数据、分析文档并根据事先规定的分类标准对文档分类，建立索引数据库；用户查询子系统采用分类和关键字相结合的查询方式，用户可以选择自己感兴趣的内容，然后输入关键字进行查询，分类管理子系统允许管理员对分类进行管理和配置。

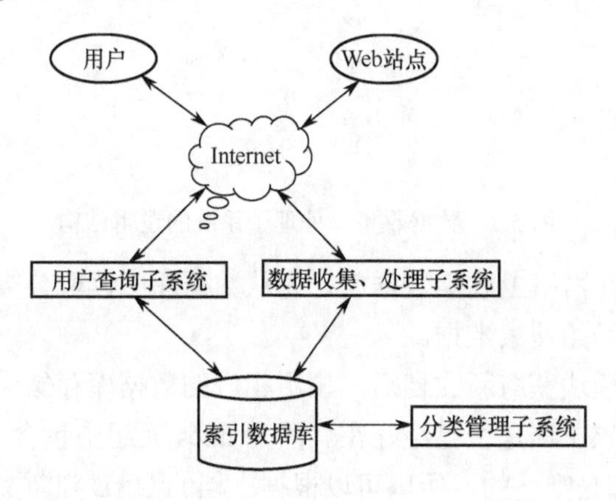

图 5.2　中英文 WWW 索引和检索服务系统结构

5.2.1 数据收集、处理子系统

由于数据的获取、存储及分析都基于 Oracle 数据库提供的数据类型，因此定义了以下表：keys（Wid，Word），keydoc（Wid，Urlid，Score，clsid），docs（Urlid，Url，IP，Last-date，Title，Abstract），tree（nid，pid，typename），types（typeid，value），type-define（typeid，clsid，value1，value2）。其中，keys 表描述了所有的关键字，Wid 表示关键字的序号，Word 为该关键字。keydoc 表用于建立关键字和文档的逻辑关联，Wid 是关键字的序号，Urlid 是文档的序号，Score 是该关键字在文档中的得分，clsid 表明包含该关键字的文档的类别。docs 表描述从文档中抽取出来的元素，Urlid 表示文档的序号，Url 表示文档的统一定位地址，IP 表示文档的网络地址，Last-date 表示该文档最后一次更新的时间（被访问 URL 资源的最后一次更新时间），Title 表示该文档的标题，Abstract 是该文档的摘要。分类树 tree 表中 nid 为文档的节点号，pid 为父节点号，typename 为类名。分类标准 types 表中 typeid 为分类标准号，value 指定根据什么分类。分类定义 type-define 表中定义具体的分类内容。

数据收集、处理子系统的逻辑结构如图 5.3 所示。数据收集、处理子系统的工作流程如下。

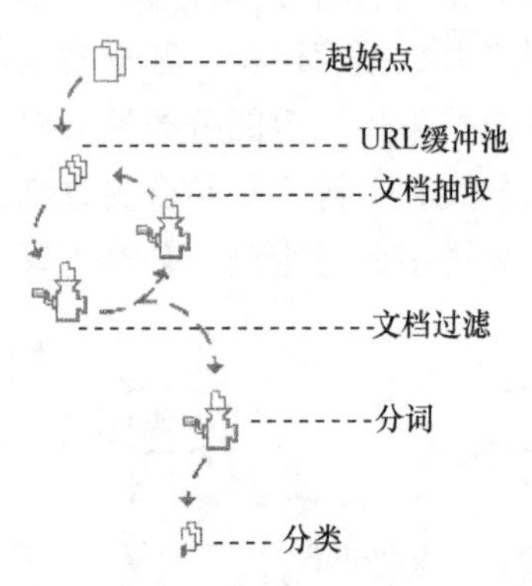

图 5.3 数据收集、处理子系统的逻辑结构

（1）Robot 在网络上收集数据前，先从数据库中读取分类树表和分类标准表的内容，然后开始搜索数据。

（2）当查询模块获取新文档后，调用相应的数据库存储模块，该模块首先在数据库中查询该文档是否已经存在。因为 docs 元组中包含 URL 域，且每一篇文档的 URL 都是唯一的，所以可以根据文档的 URL 判断文档是否已经被搜索过。如果该文档已存在，可以将 docs 元组中的 Last-date 域与当前获得时间相比较来判断该文档是否被更新过，如果没有更新过，则处理下一篇文档，否则更新该元组。

（3）如果该文档不存在，则产生一个新的文档序号，在数据库中插入新的 docs 元组。对该文档进行处理，先分词，然后按照规定的标准对其进行分类，如果该文档符合某个 type-define 元组中的要求，则从中取出该类的 clsid，并和文档的 Urlid 一起构造 keydoc 元组。然后对 docs 元组进行操作，产生相应的元组，建立关键字与文档之间的关联关系。

（4）在对文档进行分词打分之后，在数据库中查询分出的关键字是否已存在，如果存在，则取出其序号，否则产生新的序号，并插入新的 keys 元组。利用前两步的结果产生新的 keydoc 元组并插入数据库中。

（5）重复执行第 2～4 步，直到处理完从该文档分出的全部关键字。当遇到不满足任一分类标准的文档时，将该文档单独保存，由系统管理员进行手动分类。

5.2.2　用户查询子系统

用户查询子系统对用户提供关键字和分类选择查询服务。对关键字有两种服务类型：一种是简单查询，用户只查询一个关键字；另一种是布尔查询，用户输入多个关键字和它们之间的逻辑关系。关键字前面加“+”，表示该关键字在查询结果中必须出现；关键字前面加“|”，表示在查询结果中该关键字可以出现，也可以不出现；前面加“-”，表示在查询结果中一定不能包含该关键字。默认情况下，查询关键字必须存在。分类选择是按管理员提供的分类选定要查询的类别。

用户查询子系统有两部分：查询服务器和数据库服务器，它们采用典型的客户–服务器方式。查询服务器实际上是一个 CGI 程序，当用户向 Web Server 提交查询请求后，该 CGI 程序启动。它从环境变量中提取关键字、类别选择及当前显示页数等信息，然后通过 Socket 将这些信息传送给数据库服务器，等待查询结果的返回。数据库服务器通过分析用户提交的请求，提取出关键字和文档的分类号，然后在 keydoc 表中查找属于特定类的文档，当查询结果返回后，用户查询子系统对结果进行一些处理，生成相应的 HTML 脚本，将该脚本发送给 Web Server。

数据库服务器的工作是数据库查询操作。它使用 Socket 编程在指定端口监听网络请求，接收 CGI 程序传递的参数，并根据这些参数对数据库进行查询操作。然后将查询结果传回 CGI 程序，继续等待来自客户机的请求。对数据库的访问采用了 Oracle 提供的 Proc*C 编程接口。根据用户输入查询某一分类对应的相关文档。数据库中一些元组的某些字段的值有可能为空，这时要采用为相关主变量设置指示变量的方法。判断指示变量的值，当其值为-1 时，对相关字段对应的主变量进行处理。对于满足条件的元组，取出相关字段的值后，将其存放于一个结构体数组中。

查询服务器和数据库服务器之间的通信采用 TCP 方式，每当查询服务器提交一个新的请求时，数据库服务器都会启动一个新的进程进行查询。因为 TCP 传输数据不能区分记录边界，所以在查询服务器和数据库服务器的通信中使用了自定义的协议用于交换各种信息。由于使用了客户–服务器模式，所以查询服务器和数据库服务器之间有大量的数据需要交换。因此，要尽可能地提高数据传输速率。当查询服务器传送关键字和类别、当前显示页数、每页显示个数等信息时，数据库服务器根据关键字执行相应的操作后，只从结果集中选出在当前页面显示的资源信息，并传送给查询服务器，这样就节省了带宽，提高了数据传输速率。

查询服务器和数据库服务器的工作方式如图 5.4 所示。

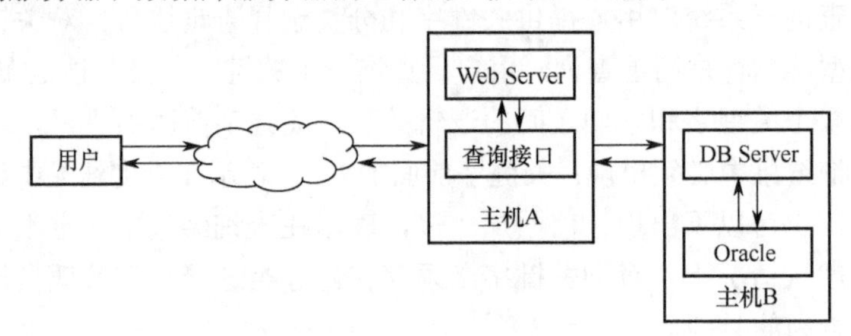

图 5.4　查询服务器和数据库服务器的工作方式

5.2.3　分类管理子系统

分类管理子系统负责对分类的定义和管理。管理员可以通过该模块实现对文档的分类。分类的标准有多个，可以使用标题、关键字、IP 地址等标准对文档进行分类。

当以文档的标题进行分类时，从文档中抽取 Title 字段后，看其是否包含一个或几个特定的词，若包含，则认为该标题对应的文档属于这个分类。如果一篇文档的标题中包含某个词，这篇文档的内容就很可能与这个词相关，所以说这种分类的优势就是可靠性较高。但许多文档没有标题，同时又和该分类密切相关，这时采用标题进行分类就不能将这些文档纳入该类，从而导致文档归类的不完全。也就是说，收集到的文档中有些属于某个分类，却没有将其纳入该分类。

可以利用 IP 将文档进行分类。Intranet 中的站点往往在一个连续的 IP 地址区间内同属于一个分类。而站点上的文档又往往与站点的性质有关，可划分成一类。这样可以在获取资源的过程中取得页面 IP 地址的值，将它和已知的地址区间进行比较判断，就可以将文档纳入某类。这一分类方法在 Intranet 内部或对某一组织的文档进行检索时很有意义。

采用关键字匹配是较常用的分类法，本系统即采用此方法。利用自动搜索程序 Robot 在 Internet 上搜索文档时，已把每一篇文档经分词之后得到的关键字存储在 keys 表中。利用关键字匹配将文档分类时，取出分类表 type-define 中的每一个元组，若该分类以关键字为标准，则将该元组的 value1 属性值与该文档的所有关键字进行匹配，如果匹配成功，说明该文档属于这个类，则在表 keydoc 中增加一个元组，该元组的三个属性值分别取分类的标号、文档的标号和该关键字在文档中的得分，一直到表 type-define 中的每一个规定用关键字分类的元组均和该文档的所有关键字相匹配，然后继续处理下一篇文档。

利用关键字匹配的标准进行分类的优点是文档分类比较完全。关键字是对文档的正文分词而得到的，一篇文档的关键字会在文档中出现多次，所以只要使用合适的方法从文档中提取出质量比较高的关键字，就可以得到比较好的分类效果。

在分类查询中，系统采用半自动的方式，即文档分类是程序自动完成的，而分类标准需要人工干预，由管理员来完成。分类树表 tree 和分类标准表 types 是在搜索信息前定好的，而分类定义表 type-define 是在搜索文档的过程中形成的。

5.3　基于示例的用户信息需求模型的获取和表示

在 Internet 上进行查询时，查询的精度难以保证，因为查询常常给出虚假的结果。由一个关键词与分类的名字进行匹配得到的文档，只需要包含所给出的关键词，但其内容可能并不是用户想要的。而对查询用户来说，查询的精度，或者说查询的准确度，是一个很关键的问题，所以在搜索引擎中解决精度问题也变得非常重要。为此，在上述系统中对系统的查询模块进行改进，提出基于示例的用户信息需求模型的获取和表示，依据信息需求模型在 Internet 上搜索相关文档，在用户给定的示例文本集的基础上，利用特征项的类别区分度，抽取能够表现用户兴趣的项构成用户信息需求模型的基本特征项集。基于统计上的 Fisher 准则进行判别分析，以获取特征项在相关文本的判定中的重要程度。依据此模型可以按照用户的信息需求，把相关的文本以最大的相关度提供给用户，提高了查询的精度[2-6]。

5.3.1 文本类别特征的抽取方式

基于示例的用户信息需求模型的前提是要求用户以示例文本的方式提出自己的信息需求，通过分析示例文本的词汇表达方式，抽取能够表现用户兴趣的特征项，尤其是能够区分相关文本和不相关文本的特征项，构成用户信息需求模型的基本特征项集。因此，文本类别特征的抽取是关键问题，这里的文本类别是指用户所提供的相关文本集和不相关文本集，基本特征项集是指能够有效地区分两类文本的特征项。

设用户给定的示例文本集为 S_0，其中相关文本集为 S_1，包括 n_1 个文本；不相关文本集为 S_2，包括 n_2 个文本。

设 $S_1=\{T_1^{(1)},T_2^{(1)},\cdots,T_{n_1}^{(1)}\}$，$S_2=\{T_1^{(2)},T_2^{(2)},\cdots,T_{n_2}^{(2)}\}$，$S_0=S_1\cup S_2$。

示例文本集 S_0 经过分词和禁用词处理后，只保留名词和动词，从而获得示例文本集 S_0 的特征项集 $\{t_1,t_2,\cdots,t_p\}$。

定义特征项 t_i 的类别区分度为

$$\mathrm{dis}_i=\frac{f_1}{n_1}\sum_{k=1}^{n_1}f_k^{(1)}-\frac{f_2}{n_2}\sum_{k=1}^{n_2}f_k^{(2)} \tag{5.3.1}$$

其中，n_1 是相关文本集 S_1 的文本个数，n_2 是不相关文本集 S_2 的文本个数，f_1 是项 t_i 在 S_1 中的文本频数，f_2 是项 t_i 在 S_2 中的文本频数，$f_k^{(1)}$ 是项 t_i 在文本 $T_k^{(1)}$ 中的频率，$f_k^{(2)}$ 是项 t_i 在文本 $T_k^{(2)}$ 中的频率。

如果项 t_i 在某一类中出现的频率较高，而在另一类中出现的频率较低，具体表现为类别区分度的绝对值较大，则项 t_i 具有较好的类别区分能力。反之，项 t_i 在两个类别中出现的频率差不多，具体表现为类别区分度的绝对值较小，则项 t_i 的类别区分能力较差。容易看出，类别区分度为正的项，其出现在相关文本集中的频率较高；类别区分度为负的项，其出现在不相关文本集中的频率较高。

确定相应的阈值 σ，滤去区分度较差的特征项，保留具有显著区分能力的特征项，以减少文本分类判别的计算量。

经过选取后的基本特征项集为 $\{t_i\mid \mathrm{ABS}(\mathrm{dis}_i)>\sigma,i=1,2,\cdots,p\}$。

5.3.2　文本的分类判别与文本特征权重

根据类别区分度选择以后，选取的基本特征项集为$\{t_1,t_2,\cdots,t_m\}$，利用这些特征项来进行文本的分类判别，从而确定特征项在分类判别中的重要性，以及在匹配过程中的阈值选取。

文本分类判别的基本原理基于 Fisher 准则的线性判别分析[7]，寻求线性判别函数

$$y=c_1t_1+c_2t_2+\cdots+c_mt_m \tag{5.3.2}$$

使得两类间的区别最大，每个类内部的离散性最小。其中$c_1,c_2,\cdots,c_m$是待定系数，它们反映了特征项$t_1,t_2,\cdots,t_m$对于判定的重要程度。

设相关文本集S_1中文本特征向量为$T_i^{(1)}=(a_{i1}^{(1)},a_{i2}^{(1)},\cdots,a_{im}^{(1)})$，$i=1,2,\cdots,n_1$，$a_{ij}^{(1)}$表示特征项$t_j$在文本$T_i^{(1)}$中的频率。

不相关文本集S_2中的文本特征向量为$T_i^{(2)}=(a_{i1}^{(2)},a_{i2}^{(2)},\cdots,a_{im}^{(2)})$，$i=1,2,\cdots,n_2$，$a_{ij}^{(2)}$表示特征项$t_j$在文本$T_i^{(2)}$中的频率。

（1）计算均值及均值差：

$$\overline{a}_j^{(1)}=\frac{1}{n_1}\sum_{i=1}^{n_1}a_{ij}^{(1)}，\ \overline{a}_j^{(2)}=\frac{1}{n_2}\sum_{i=1}^{n_2}a_{ij}^{(2)}，\ d_j=\overline{a}_j^{(1)}-\overline{a}_j^{(2)}，j=1,2,\cdots,m \tag{5.3.3}$$

（2）计算矩阵$S=(s_{kl})$，$k=1,2,\cdots,m$；$l=1,2,\cdots,m$。

$$s_{kl}=\sum_{i=1}^{n_1}(a_{ik}^{(1)}-\overline{a}_k^{(1)})\cdot(a_{il}^{(1)}-\overline{a}_l^{(1)})+\sum_{i=1}^{n_2}(a_{ik}^{(2)}-\overline{a}_k^{(2)})\cdot(a_{il}^{(2)}-\overline{a}_l^{(2)}) \tag{5.3.4}$$

（3）依据 Fisher 准则，获得下列方程：

$$\begin{pmatrix} s_{11} & s_{12} & \dots & s_{1m} \\ s_{21} & s_{22} & \dots & s_{2m} \\ \dots & \dots & \dots & \dots \\ s_{m1} & s_{m2} & \dots & s_{mm} \end{pmatrix}\begin{pmatrix} c_1 \\ c_2 \\ \dots \\ c_m \end{pmatrix}=\begin{pmatrix} d_1 \\ d_2 \\ \dots \\ d_m \end{pmatrix} \tag{5.3.5}$$

求解后得到判别函数：

$$y=c_1t_1+c_2t_2+\cdots+c_mt_m$$

（4）计算相关文本集的重心$y^{(1)}$、不相关文本集的重心$y^{(2)}$及判别阈值$y^{(0)}$：

$$y^{(1)}=\sum_{k=1}^{m}c_k\overline{a}_k^{(1)}，\ y^{(2)}=\sum_{k=1}^{m}c_k\overline{a}_k^{(2)}，\ y^{(0)}=\frac{n_1y^{(1)}+n_2y^{(2)}}{n_1+n_2} \tag{5.3.6}$$

（5）假定$y^{(1)}>y^{(0)}$，新文本 T 的特征向量为$(<t_1,w_1>,<t_2,w_2>,\cdots,<t_m,w_m>)$。

$y^* = \sum_{k=1}^{m} c_k w_k$。如果 $y^* > y^{(0)}$，则新文本 T 属于相关文本，否则属于不相关文本。

（6）将示例文本的特征向量代入判别函数，判断其所属的类别，计算判别正确的比率，即所谓的回判率。

下面的讨论均假定 $y^{(1)} > y^{(0)}$（其他情况同理），按照 c_i 的正负，可以把特征项集合分成如下两部分。

正项集合：$T_+ = \{t_i \mid c_i > 0, i = 1,2,\cdots,m\}$。

负项集合：$T_- = \{t_i \mid c_i < 0, i = 1,2,\cdots,m\}$。

由于项的频率为正值，所以正项体现了用户感兴趣的内容，而负项体现了用户不感兴趣的内容。正项的频率越高，则越有可能是相关文本，而负项的频率越高，表明用户不感兴趣的程度越大。通过与判别阈值比较，最终得到文本的判别结果。正项的系数越大，表明在最终结果中所占的比例越大，该特征项被用户关注的程度越大。因此，系数 c_i 体现了相应的特征项在文本分类判定中的重要程度，这些项具有良好的类别区分能力。

这样，可以将 c_i 作为特征项 t_i 的权重，表达用户的信息需求。用户的信息需求模型表示为 $P = \{<t_1, c_1>, <t_2, c_2>, \cdots, <t_m, c_m>\}$。

设新文本 T 的特征向量为 $(<t_1, w_1>, <t_2, w_2>, \cdots, <t_m, w_m>)$，则两者的匹配程度有两种度量方法。

一种是利用判别函数式 $f_{\text{match}}(P,T) = c_1 w_1 + c_2 w_2 + \cdots + c_m w_m$，将判别阈值作为过滤文本的阈值；另一种是利用向量之间的相似度，此时阈值须重新确定。

5.3.3 Fisher 判别

1. 算法实现

Fisher 判别的思想是通过投影，将多维问题简化为一维问题来处理。选择一个适当的投影轴，使所有的样本点都投影到这个轴上得到一个投影值。对这个投影轴的方向的要求是：使每一类内的投影值所形成的类内离差尽可能小，而不同类间的投影值所形成的类间离差尽可能大。

算法实例如下[8]：

```
#环境：Python3.5
from sklearn.datasets import make_multilabel_classification
import numpy as np
x, y = make_multilabel_classification(n_samples=20,n_features=2,
n_labels=1, n_classes=1,
```

```
                        random_state=2)  # 设置随机数种子，保证
                                         # 每次产生相同的数据
    index1 = np.array([index for (index, value) in enumerate(y) if
value == 0])                                  #获取类别 1 的 index
    index2 = np.array([index for (index, value) in enumerate(y) if
value == 1])                      #获取类别 2 的 index
    c_1 = x[index1]               #类别 1 的所有数据(x1, x2) in X_1
    c_2 = x[index2]               # 类别 2 的所有数据(x1, x2) in X_2
    # Fisher 算法实现
    def cal_cov_and_avg(samples):
        """
        #给定一个类别的数据，计算协方差矩阵和平均向量
        :param samples:
        :return:
        """
        u1 = np.mean(samples, axis=0)
        cov_m = np.zeros((samples.shape[1], samples.shape[1]))
        for s in samples:
            t = s - u1
            cov_m += t * t.reshape(2, 1)
        return cov_m, u1
    def fisher(c_1, c_2):
        """
        :param c_1:
        :param c_2:
        :return:
        """
        cov_1, u1 = cal_cov_and_avg(c_1)
        cov_2, u2 = cal_cov_and_avg(c_2)
        s_w = cov_1 + cov_2
        u, s, v = np.linalg.svd(s_w)  # 奇异值分解
        s_w_inv = np.dot(np.dot(v.T, np.linalg.inv(np.diag(s))), u.T)
        return np.dot(s_w_inv, u1 - u2)
    # 判定类别
    def judge(sample, w, c_1, c_2):
        """
        true 属于 1
        false 属于 2
        :param sample:
```

```
    :param w:
    :param center_1:
    :param center_2:
    :return:
    """
    u1 = np.mean(c_1, axis=0)
    u2 = np.mean(c_2, axis=0)
    center_1 = np.dot(w.T, u1)
    center_2 = np.dot(w.T, u2)
    pos = np.dot(w.T, sample)
    return abs(pos - center_1) < abs(pos - center_2)
w = fisher(c_1, c_2)  # 调用函数，得到参数 w
out = judge(c_1[1], w, c_1, c_2)   # 判断所属的类别
print(out)
# 绘图
import matplotlib.pyplot as plt
plt.scatter(c_1[:, 0], c_1[:, 1], c='#99CC99')
plt.scatter(c_2[:, 0], c_2[:, 1], c='#FFCC00')
line_x = np.arange(min(np.min(c_1[:, 0]), np.min(c_2[:, 0])),
                   max(np.max(c_1[:, 0]), np.max(c_2[:, 0])),
                   step=1)
line_y = - (w[0] * line_x) / w[1]
plt.plot(line_x, line_y)
plt.show()
```

2．运行结果

使用 scikit-learn 的接口来生成数据，设置随机数种子，保证每次产生相同的数据。给定一个类别的数据，计算协方差矩阵和平均向量，根据之前推导出来的公式，实现 Fisher 算法。Fisher 算法运行结果如图 5.5 所示。

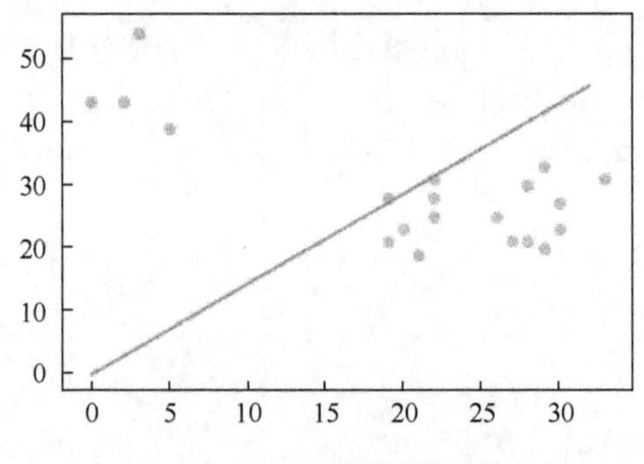

图 5.5　Fisher 算法运行结果

5.3.4　用户信息需求模型的表示

用户信息需求模型的表示分为逻辑表示和物理表示。其逻辑表示为用户信息需求模型的外部表示形式；其物理表示为存储结构，用于描述在用户信息需求模型服务器中的数据结构。图 5.6 为用户信息需求模型存储结构示意图。

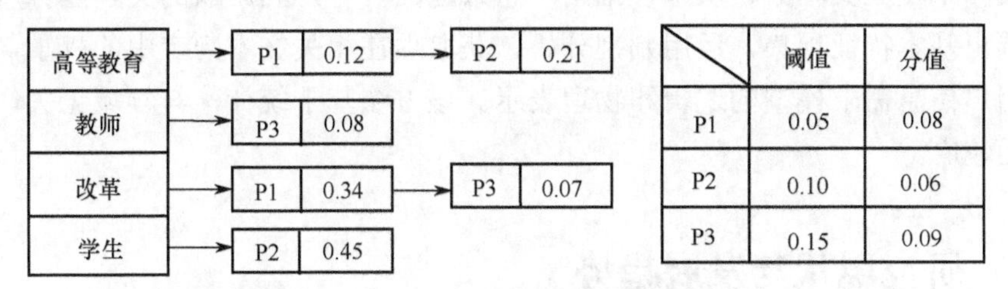

图 5.6　用户信息需求模型存储结构示意图

用户信息需求模型逻辑表示为 $(<t_1,w_1>,<t_2,w_2>,\cdots,<t_m,w_m>)$。

用户信息需求模型的物理表示应该能够提高过滤的效率。借鉴文本检索中对于文本使用的倒排索引结构，用于文本过滤中的用户模板，即建立用户模板的索引结构，对于某个词 x，将含有 x 的所有模板形成一个倒排表(Inverted List)，从某个词到其所对应的倒排表的存储位置的映射通过 HASH 表来实现，称为目录（Directory）。

5.3.5　实验结果及分析

实验的语料来自 1994 年《人民日报》，共 1505 篇，按原来的版面设置示例文本集，共设有 5 个相关/不相关文本集作为用户信息需求的示例文本，对应 5 个用户信息需求模型，这里称为用户模板，并预留相应的测试文本集，采用判别函数式作为匹配方法。

为了证实该方法的有效性，对于 5 个相应的用户模板，采用基于关键字的匹配方法，其平均精度为 44.7%，远远低于该方法的平均精度 60.1%(见表 5.1)。

表 5.1　实验结果

编号	相关文本	不相关文本	回判正确率	平均精度
用户模板 1	132	79	82.7%	58.8%
用户模板 2	128	81	76.4%	53.9%
用户模板 3	119	73	87.3%	65.7%
用户模板 4	101	94	85.5%	62.6%
用户模板 5	115	83	83.9%	59.5%
平均值	119	82	83.2%	60.1%

随着 Internet 上在线文本的日益增多，如何帮助用户选择和利用感兴趣的信息成为人们关注的焦点。依据用户信息需求模型，可以把相关度高的文本送到用户界面，以相对高的查询精度实现对用户信息需求的反馈。本节提出的基于示例的用户信息需求模型的获取和表示方法，利用用户给定的相关文本集和不相关文本集，从中发掘用户感兴趣的内容，利用项的类别区分度，筛选出基本特征项集，运用判别分析，获取项在相关文本判定中的权重，形成用户信息需求模型的逻辑和物理表示。该方法基于统计，与领域无关，适用面较广。

5.4 研究现状与发展趋势

用户在 Web 上搜索感兴趣的关键词，然后跳转到相关的信息页面，这个过程就是通过搜索引擎来实现的。搜索器是搜索引擎的搜索算法，而检索器是搜索引擎的策略部分。搜索器主要负责网络爬行策略，检索器主要负责页面排序策略。现在主流搜索引擎有谷歌、百度、雅虎[9]。

随着物联网的快速兴起，以社交网络、车联网、医疗服务、视频监控等为典型代表的物联网信息服务模式不断涌现，社会资源、信息资源、物理资源等实现了深度融合和综合应用[10]。近年来，物联网产业呈现出良好的发展态势。Intel 公司在 IDF14 大会上预测，2020 年物联网将迎来爆发，全球将有 2000 亿个物联网设备。我国的物联网产业也呈现出良好的发展态势，产业发展复合增长率达到了 30%以上。据工信部数据显示，2015 年我国物联网产业的销售收入已达到 7500 亿元以上。预计到 2020 年，我国物联网产业整体规模有望突破 1.8 万亿元。如此大规模的网络必将产生海量数据，如何实现物联网信息的高效利用是物联网应用所面临的问题之一[13]。物联网搜索的出现，能帮助我们充分整合物联网中的各类信息服务，提供各类数据检索服务，快速准确地满足各类精准、实时的搜索需求，为用户提供最符合心意的智慧解答（如附近哪里有人少、安静的咖啡厅，到一个目的地哪条道路是最近和最畅通的，附近哪家银行排队的人最少）[11]。未来，物联网搜索必将在医疗、教育、交通、社交等诸多领域得到广泛应用，吸引庞大的用户群，带来极大的社会价值。同时，根据相关研究，未来物联网搜索服务会极大地节省用户的时间，提升用户的工作效率，所节约的时间年均可创造 3000 亿元左右的价值。可以预测，物联网搜索未来必将对全球经济产生深远的影响[12]。

5.5 本章小结

WWW 上的信息在不断增加和更新。因此，要求 Web 信息索引与检索服务系统能够在较短的时间、指定的范围内自动发现新的信息，对其所覆盖的资料进行自动更新，并根据检索规则对从其他 Web 服务器得到的数据进行加工处理、自动建立索引。搜索引擎技术是检索万维网信息资源的有力工具。本章对中英文 WWW 搜索引擎进行了讨论，针对查询的精度问题，对系统的查询模块进行了改进，给出了基于示例的用户信息需求模型的获取和表示，依据信息需求模型在 Internet 上搜索相关文档，在用户给定的示例文本集的基础上，利用特征项的类别区分度，抽取能够表现用户兴趣的项构成用户信息需求模型的基本特征项集。基于统计上的 Fisher 准则，进行判别分析，以获取特征项在相关文本的判定中的重要程度。依据此模型可以按照用户的信息需求，把相关的文本以最大的相关度提供给用户，提高了查询的精度。

参考文献

[1] 梅峥. 中英文 WWW 搜索引擎索引与查询的研究和实现[D]. 沈阳：东北大学, 2000.

[2] 陈宁, 周龙骧. 数据采掘在 Internet 中的应用[J]. 计算机科学, 1999, 26(7): 44-49.

[3] 李业丽, 林鸿飞, 姚天顺. 基于示例的用户信息需求模型的获取和表示[J]. 计算机工程与应用, 2000, 36(9): 11-13.

[4] 吴立德, 等. 大规模中文文本处理[M]. 上海: 复旦大学出版社, 1997.

[5] 姚天顺, 等. 自然语言理解[M]. 北京: 清华大学出版社, 1995.

[6] Ellen Voorhees and D Harrman. Overview of Seventh Text Retrieval Conference[C]. In Proceeding 7th Text Retrieval Conference, 1999: 1-24.

[7] 孙文爽, 陈兰祥. 多元统计分析[M]. 北京: 高等教育出版社, 1994.

[8] P J Zero. Fisher 判别分析原理+Python 实现[EB/OL]. https://blog.csdn.net/pengjian444/article/details/711380 03, 2017-05-03.

[9] 史昊天. 网络搜索引擎搜索策略及算法研究[D]. 天津：天津工业大学, 2018.

[10] 方滨兴, 刘克, 吴曼青, 等. 网络空间大搜索白皮书[R]. 北京: 国家自然科学基金委员会信息科学部, 2015.

[11] 高云全, 李小勇, 方滨兴. 物联网搜索技术综述[J]. 通信学报, 2015, 36(12): 57-76.

[12] Fang B X, Jia Y, Li X, et al. Big Search in Cyberspace[J]. IEEE Transactions on Knowledge and data Engineering, 2017, 29(9): 1793-1805.

[13] 房梁. 面向物联网搜索的访问控制关键技术研究[D]. 北京：北京邮电大学, 2018.

第 6 章

基于 Web 的文本挖掘技术研究

6.1 文本挖掘概述

随着 Internet 的不断普及和发展，信息技术已经渗透到人们生活的方方面面，正以前所未有的速度改变着人们的生活和工作方式。Internet 不再是科学家们独享的研究和通信工具，而成为各行各业的人们交流思想、获取信息的工具，甚至成为日常工作不可或缺的工具。它对于人们思维方式的冲击是全方位的，也是十分深刻的。

我们正处于一个“信息爆炸”的时代。Internet 的海量信息远远超过人们的想象，可谓应有尽有，其更新的速度和范围是空前的，是人工所无法比拟的。而 Web 中存在着大量非结构化数据，而且往往缺乏一定的组织，随意散布在这个网络的各个角落，降低了人们对丰富信息资源的利用效率。因此，面对信息的汪洋大海，人们往往感到束手无策、无所适从，出现所谓的“信息过载”和“信息迷向”的现象。于是，一个极富挑战性的课题：如何帮助人们有效地选择和利用感兴趣的信息，从中发现相关的知识，即从大量非结构化的信息中提取有效、新颖、有用、可理解的模式，成为学术界和企业界十分关注的焦点。

存储信息的最自然的形式是文本，由于在线信息往往以文本形式出现，或者可以转化为文本形式，所以文本挖掘比数据挖掘更具有实用价值。有研究表明，人们所存储的信息的 80%包含在文本文档中。因此，本章重点探讨文本挖掘技术与实现。由于文本为非结构化数据，因此文本挖掘的方法不同于数据挖掘。数据挖掘面对的是结构化数据，采用的方法大多是非常明确的定量方法。其过程包括数据取样、特征提取、模型选择、问题归纳和知识发现。而文本挖掘处理的是非结构化和模糊的文本，比数据挖掘要复杂得多，它经常使用的方法来自自然语言理解、Web 技术、人工智能、统计学、信息抽取、聚类、分类、可视化、数据库技术、机器学习、数据挖掘及软计算理论，主要包括文本摘要、文本分类、文本检索、文本过滤等技术。

6.1.1 文本挖掘的应用

文本挖掘具有许多富有价值的应用。它通过计算机和 Internet 结合起来帮助人们从海量数据中智能、自动地抽取实用的知识，满足人们的不同需要。

1. 搜索引擎的文本自动分类功能

众所周知，搜索引擎可以帮助人们对网上散布在各地的海量数据进行索引，以提高人们的使用效率。搜索引擎周期性地向它所识别的每一个站点发送“爬虫”（Web Crawler），将各个站点的网页下载下来。搜索引擎自动地从这些网页上抽取描述它们的索引信息，并连同地址一同存入数据库。在此之上，利用数据挖掘技术对该数据库进行整理，自动生成便于用户使用的网页分类系统，降低整理网页所花费的人力资源。

2. 个性化过滤系统

许多用户都有阅读网上新闻的习惯，可以设计一个个性化新闻过滤系统，根据用户阅读习惯，收集用户的相关信息，利用机器学习建立用户信息需求模型。根据此模型向用户推荐相应的站点和网页，并依据用户的反馈，修正模型，以便更好地反映用户的阅读兴趣。

3. 智能检索接口

目前的检索系统往往通过用户输入关键字来检索符合查询条件的文本。一般来说，其查询结果是一个线性表，这个表容量很大，其中存在许多与用户兴趣无关的信息。如果能够对结果进行更为高级的聚类分析和其他相关分析，然后以超链接的层次方式提交给用户，将会给用户带来极大方便。另外，还可以依据用户的反馈，学习用户的兴趣和需求，不断修正模型，以便更好地满足用户的要求。

目前运行着许多文本挖掘系统，如 WebWatcher、Personal WebWatcher 及 Alta Vista Discovery 等。WebWatcher 和 Personal WebWatcher 是导游器，前者面向固定站点，而后者面向特定的个人。Alta Vista Discovery 是桌面信息检索工具，提供了对 Desktop、Internet、Usenet 数据的无缝集成。它可以自动对所搜索的文本进行总结，寻找与当前网页相类似的网页，以及曾引用过该网页的网页。

6.1.2　文本处理的基本模型

文本挖掘与文本处理具有密切的关系，文本的表示和处理经常使用的模型有布尔模型、概率模型和空间向量模型，这些也是文本挖掘的常用模型[1]。

1．布尔模型

布尔模型是基于特征项的严格匹配模型。首先建立一个二值变量的集合，这些变量对应文本的特征项。文本用这些特征变量来表示，如果出现相应的特征项，则特征变量取“True”；否则，特征变量取“False”。查询由特征项和逻辑运算符“AND”“OR”和“NOT”组成。文本与查询的匹配规则遵循布尔运算的法则。

布尔模型在20世纪六七十年代得到了较大的发展，出现了许多基于布尔模型的商用检索系统，如Dialog、Stairs、Medlars等。其主要的优点是：速度快，易于表达一定程度的结构化信息，如同义关系（电脑 OR 微机 OR 计算机）或词组（文本 AND 挖掘 AND 系统）。其缺点是：把布尔模型作为文本的表示很不精确，不能反映特征项对于文本的重要性，缺乏定量分析；过于严格，缺乏灵活性，更谈不上模糊匹配，往往忽略了许多满足用户需求的文本。

2．概率模型

由于信息检索中文本信息的相关判断的不确定性和查询信息表示的模糊性，人们开始用概率的方法解决这方面的问题。信息检索的概率模型基于概率排序原则：对于给定用户查询 Q，对所有文本计算概率并从大到小进行排序，概率公式为 $P(R \mid D,Q)$。其中，R 表示文本 D 与用户查询 Q 相关。另外，用 R' 表示文本 D 与用户查询 Q 不相关，有 $P(R|D,Q)+P(R'|D,Q)=1$，也就是用二值形式判断相关性。

把文本用特征向量表示：$x=(x_1, x_2, \cdots, x_N)$。其中，$N$ 为特征项的个数；x_i 为0或1，分别表示特征项 i 在文本中出现或不出现。

在信息检索中，估计参数是困难的，一般并不直接计算 P，而是把计算 $P(R|d_i,q_k)$ 转换为计算 $P(R|x,q_k)$，这样处理略去了公式中与文本无关的特征项，计算的结果可能与实际不符。为了容易计算，现在假设包含相同特征项的文本，经过计算后，它们的可能性是相同的。将所有文本按相关概率 P 进行排序，等价于将所有文本按特征向量排序。任一文本 D 的概率相关性的计算方法为

$$P(R \mid D,Q) = \sum_i X_i \times \log \frac{p_i(1-q_i)}{q_i(1-p_i)} \tag{6.1.1}$$

其中，$p_i=P(x_i=1|R, Q)$，$q_i=P(x_i=1|R', Q)$

参数 p_i 和 q_i 主要通过相关反馈进行估计，简单的方法如下：

$$p_i=r_i/r,\quad q_i=(n_i-r_i)/(n-r)$$

其中，n 为反馈文本集所含文本总数，r 为与用户查询相关的文本数，n_i 为特征 i 出现的文本个数，r_i 为特征 i 出现且与用户查询相关的文本个数[2]。

在该模型中，文本向量只采用简单的二值形式，没有利用文本中的更多信息，如特征在文本中出现的频率。在该模型的基础上，扩展出许多模型，如 Fuhr[3]模型和 Croft[4]模型。

Fuhr 提出了概率索引模型，没有更多的参数估计问题，对文本的表示也更加详细。Croft 模型体现了面向描述的索引思想，其公式为

$$V(R|D, Q)=\sum_i u_i \times \log\frac{p_i(1-q_i)}{q_i(1-p_i)} \tag{6.1.2}$$

其中，$u_i=P(x_i=1|D)$，u_i 主要使用概率索引模型获得，如传统的 2-Poisson 模型。

上述模型都属于概率相关模型，这种模型对所处理的文本集的依赖性过强，而且处理问题过于简单。鉴于概率相关模型存在这样的弱点，人们又提出了改进模型。

Van Rijsbergen 把信息检索看成一个非确定性的推理过程，把查询和文本的内容表示为逻辑形式，并利用推理规则进行演绎。该模型把文本与用户查询之间的相关性判断看作一个从文本命题到查询命题、描述命题的不确定的推断过程。

还有一种概率模型使用推理网络。网络中的一个节点代表一个文本、一个查询或一个概念，网络中节点间的弧表示节点间的概率相关性。其基本思想是：计算 $P(D\rightarrow Q)$时，把文本节点置为 TRUE，计算与该文本节点相依的节点的概率，直到得到 $P(Q=\text{TRUE})$的值为止。

3. 向量空间模型

向量空间模型（Vector Space Model，VSM）是 Gerard Salton 等人提出的，它将自然语言文本表示为 n 维空间的向量，为各种复杂的统计方法、人工智能方法、机器学习及其他相关技术在文本处理领域的应用提供了良好的基础，因而得到了广泛的重视和应用，成为当今文本处理领域最基础的技术手段。

下面简单介绍向量空间模型的基本概念。

文本泛指一篇文章，也称文档，可以看成自然语言的文章在计算机内的表示。

文本的内容可看成它含有的基本语言单位（字、词、词组和短语等）的集合，这些基本语言单位统称项，即文本是项的集合。每个项常常被赋予一定的权重，表示项在文本中的重要性，其计算公式则根据具体需要定义，如 $w_k = \mathrm{tf}_k \cdot \mathrm{idf}_k$，$w_k$ 是 t_k 的权重，tf_k 是 t_k 在文本 D 中的频数，idf_k 是 t_k 在文本集中出现的文本频数，一般指包含项 t_k 的文本个数。如果不要求项的次序，并假定项与项之间是相互独立的，即相互正交，则可以把 $t_1, t_2, \cdots, t_n$ 看成 n 维空间的坐标系，$w_1, w_2, \cdots, w_n$ 是相应的坐标值，因而文本 $D(w_1, w_2, \cdots, w_n)$ 是空间的一个向量，这就是所谓的向量空间模型。在向量空间中两个文本的相关程度常常用它们之间的夹角余弦值来表示，即

$$\mathrm{sim}(D_1, D_2) = \frac{\sum_{k=1}^{n} w_{1k} w_{2k}}{\sqrt{\sum_{k=1}^{n} w_{1k}^2 \sum_{k=1}^{n} w_{2k}^2}} = \frac{D_1^{\mathrm{T}} D_2}{\left\| D_1 \right\| \left\| D_2 \right\|^{1/2}} \tag{6.1.3}$$

向量空间模型把文本表示成 n 维欧氏空间的向量，用它们之间的夹角余弦值作为相似性的度量。在向量空间模型中，首先要建立文本向量和用户查询的向量，然后对这些向量计算相似性（匹配运算），在匹配结果的基础上进行相关反馈，优化用户的查询，提高检索效率。

生成特征向量包括特征项获取、特征项加权和特征项变换等步骤。从文本中提取特征项，涉及文本特征抽取问题。目前，在文本检索处理中所使用的典型特征项是关键字或短语。进一步的工作应该是用语义分析获得比字词更为具体和丰富的特征，如获取短语特征、建立特征分类词典，但目前实现这样的工作还有一定的难度，具有代表意义的特征获取已经成为文本检索中的一个瓶颈问题。现在已有算法可自动获取一般的特征，并且获取的特征能够为文本的检索提供具有一定意义的信息。它包括分词、删除停用词、词性概念标注和同义归类等步骤。当然，根据任务需要，可进行更为深入的语法、语义方面的处理，以便获得更为精确的文本描述。

向量空间模型的缺点在于项之间线性无关的假设。在自然语言中，词或短语之间存在着十分密切的联系，即存在“斜交”现象，很难满足假定条件，对计算结果的可靠性造成一定的影响。此外，将复杂的语义关系归结为简单的向量结构，丢失了许多有价值的线索。因此，出现了许多改进的技术，以获取深层潜藏的语义结构，如利用奇异值分解的潜在语义索引技术[5]。

6.1.3 文本挖掘的流程

首先对挖掘对象，如文本集、HTML 文档或可以转换为文本的文件，建立特征表示。目前大多采用向量空间模型作为文本的表示，称为文本特征向量。它的优点是简洁，便于数学处理。但是维数十分惊人，参加数学运算时，会消耗大量的时间和空间资源，而且往往会溢出。因此，进行文本特征抽取，降低向量维数是必不可少的环节。降维后，利用机器学习的各种方法来提取面向特定应用目的的知识模式。最后对获取的知识模式进行评价。图 6.1 为文本挖掘的一般流程。

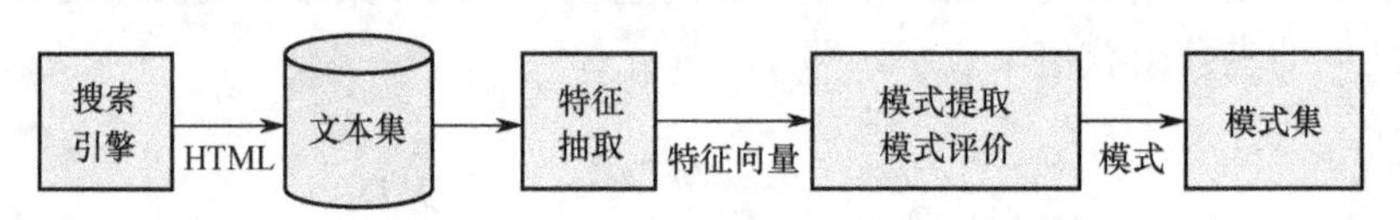

图 6.1 文本挖掘的一般流程

6.2 文本挖掘基本技术

6.2.1 文本特征抽取

在大规模真实文本的处理中，文本的表示一直为人们所关注。诚然，文本的整个正文是文本内容最详尽的表达，但是冗长的篇幅并非任何场合都适宜。尤其在文本检索、文本过滤、文本分类和文本摘要中，人们希望通过简明扼要的文本特征来表示文本，进而决定是否处理该文本。此外，全文本表示对于文本处理来讲，会增加计算的负担，并且对于准确度改善也无明显帮助。

通过抽取文本特征，给出文本最基本、最简洁的表示，便于文本处理，这一点在图书馆的目录检索中得到了很好的验证。通过文本特征抽取，记录文本的特征，可以更好地组织文本，如文本的存储、检索、过滤、分类和摘要等。这里的文本特征相当于图书目录中的主题索引，用少量词汇表达文章的中心思想，而它的产生又是平常的手工操作无法处理的，因为它面对的是海量的在线电子可读文本。很多文本摘要方法源自摘句方法，那么文本特征的抽取也可以看成摘词形成的文本摘要。

作为文本特征，应该具有彻底性和专门性，彻底性指它能够覆盖文本主题，即能够表现文本各方面的内容；而专门性指它能够反映文本的具体内容。

文本特征是文本处理的重要基础，抽取文本特征为后续的文本分类、文本检索、文本过滤和文本摘要等奠定了基础，如基于关键字的检索方法、基于示例的文本过滤方法、基于文本特征的文本分类方法、基于关键字权重的文本摘要方法等。

在目前的文本特征抽取过程中，限于如今的自然语言理解技术水平，还不可能在完全理解文章的基础上,依照文章的主题思想来抽取相应的词汇或短语。考虑到可操作性和实现的效率，目前基于统计的方法较多，有的方法辅之一些句法和语义方面的技术。

无论采用何种方法和技术，文本特征作为文本最简洁的摘要方式，应该具有文章谋篇布局和行文用词的鲜明特点，切忌流于一般。因此，使用广泛的词汇或短语不应成为特征。同样，冷僻的词汇也不应成为具有代表性的词汇。那么如何抽取文本特征？很多研究者对此进行了深入的研究，得到了许多有价值的方法。

基于统计的文本特征抽取往往先定义每个项（词、短语或概念）的权重，然后按照某种规则选择作为文本特征的项（特征项）。

文献[6]根据 Zipf 定律给出了在文本集中选取特征项的方法。其基本思想如下。

Zipf 定律：在一个文本集中，任一词的频率乘以自身的序号约等于常数，即 frequency×rank ≈ constant。

设文本集 $\mathrm{DS}=\{D_1,D_2,\cdots,D_n\}$，特征项集 $\mathrm{TS}=\{t_1,t_2,\cdots,t_m\}$。

计算词 t_i 在文本 T_j 中的频率 tf_{ij}，i=1, 2, $\cdots$, m，j=1, 2, $\cdots$, n。

计算词 t_i 在文本集 T 中的频率 $\mathrm{tf}_i=\sum_{j=1}^{n}\mathrm{tf}_{ij}$，$i$=1, 2, $\cdots$, m。

设定高频词阈值 θ_h 和低频词阈值 θ_l，保留满足不等式 $\theta_l \leqslant \mathrm{tf}_i \leqslant \theta_h$ 的词 v_i 作为文本集 T 的特征项。

此种方法显得比较粗糙一些，而且两个阈值的设定比较困难。另外，它只考虑到了词汇的绝对频数。

但是这种方法给出了一个有价值的线索，就是中等频率的词汇的表现能力最强，所以应该排除常用词，即建立禁用词表；用相应的类来代替低频词，完善其表达能力。

为了避免绝对频数的弊端，人们提出了“相对频数”的概念，并提出了许多项的权重函数，如反比文本频数、区分度等。

文献[7]提出了著名的权重公式 tf×idf,其中 tf 表示项 t 在文本中的频数，idf 为反比文本频数，表示项 t 在整个文本集中出现的频数的倒数，即 N/n_t，一般计算时采用 $\log(N/n_t)$，N 为文本集中文本数，n_t 为包含项 t 的文本数。

文献[19]考虑到文本的长度，给出了 tf×idf 的变形。

$$\frac{\mathrm{tf}_{ik}\times\log(N/n_k)}{\sqrt{\sum_{j=1}^{n}(\mathrm{tf}_{ij}\times\log(N/n_j))^2}} \tag{6.2.1}$$

文献[1]从信息论的角度给出了特征项的权重公式。一个项出现的频率越高，它所包含的信息量就越少。信息量的公式为 $I=-\log_2 p$，p 为项的频率。项的信息量可以作为降低文本非确定性的度量，即如果项对于文本内容的贡献越大，它就越能使文本内容确定化，从而降低不确定性。

假设文本 T 含有 m 个特征项 $t_1,t_2,\cdots,t_m$，p_i 为其频率，则根据 Shannon 理论，信息熵为

$$H=-\sum_{i=1}^{m}p_i\log_2 p_i \tag{6.2.2}$$

假设文本集 $\mathrm{DS}=\{D_1,D_2,\cdots,D_n\}$，特征项集 $\mathrm{TS}=\{t_1,t_2,\cdots,t_m\}$，则项 t_i 的噪声为

$$\mathrm{NOISE}_k=-\sum_{i=1}^{n}\frac{\mathrm{FREQ}_{ik}}{\mathrm{TOTFREQ}_k}\log_2\frac{\mathrm{FREQ}_{ik}}{\mathrm{TOTFREQ}_k} \tag{6.2.3}$$

它表示噪声与项的集中程度成反比，即如果一个项在所有文本中的出现频率都一样，则噪声最大。如果只在一个文本中出现，则噪声为零。但是，特征项的分布一般应比较均匀，因而噪声较大。项的信号量定义为

$$\mathrm{SIGNAL}_k=\log_2(\mathrm{TOTFREQ}_k)-\mathrm{NOISE}_k \tag{6.2.4}$$

项的权重评价函数为

$$\mathrm{WEIGHT}_{ik}=\mathrm{FREQ}_{ik}\cdot\mathrm{SIGNAL}_k \tag{6.2.5}$$

文献[8]将用户浏览过的文本分为两类，一类是用户感兴趣的文本，记为 C_1；另一类是用户不感兴趣的文本，记为 C_2。

利用检索中常用的信息度量公式

$$\mathrm{OddsRatio}(F)=\log_2\frac{\mathrm{odds}(W\mid C_1)}{\mathrm{odds}(W\mid C_2)}=\log_2\frac{P(W\mid C_1)(1-P(W\mid C_2))}{(1-P(W\mid C_1))P(W\mid C_2)} \tag{6.2.6}$$

定义了下面若干个特征项的权重公式，并通过分类效果来评价权重公式和抽取的特征项，从而确定最有效的特征项数目。

$$\begin{aligned}&\mathrm{FreqOddsRatio}(A)=\mathrm{Freq}(W)\times\mathrm{OddsRatio}(W)\\&\mathrm{FreqLogP}(A)=\mathrm{Freq}(W)\times\log_2\frac{P(W\mid C_1)}{P(W\mid C_2)}\\&\mathrm{ExpP}(A)=e^{P(W\mid C_1)-P(W\mid C_2)}\end{aligned} \tag{6.2.7}$$

文献[9]在检索后处理中给出了特征项的抽取方法。它采用一种新的相对频数来衡量项对于文本的表现能力：rf = df / DF，其中 rf 为相对频数，df 表示被检索到的文本中包含项的文本数，DF 表示整个文本集中包含项的文本数。通过频率分类来确定在每个频率范围中抽取的特征项的数量，以此来调节高频词和低频词，克服以往高频词较多，而反映内容的低频词较少的缺点，更加全面地反映文本主题。

频率分类模式：$\text{Class}_K = Mr^K \leqslant \text{df} \leqslant Mr^{K-1}$，$r = \max(L, 1/M)^{\frac{1}{C}}$。

每类抽取的特征项数的上限为

$$N \times \{b \times (\frac{K}{C})^2 + (1-b) \times (\frac{K}{C})\} \tag{6.2.8}$$

其中，N 为抽取的特征项数，C 为频率的分类数，L 为低频边界，b 为调节参数，M 为检索文本中词的最大文本频数。

该方法关键在于提出了调节特征项中高频词和低频词的比例问题，这对于完善文本特征的表示能力具有重大意义。

文献[10]研究表明除词频信息外，词汇或短语所处的位置也是十分重要的信息，如文章的标题、摘要段、开头段和结尾段等。国内有人抽样统计，国内中文期刊自然科学论文的标题与文本的基本符合率为98%，新闻文本的标题与主题的基本符合率为95%。大量统计资料表明，每个段落的开头和结尾都含有重要的主题词，因此应给予较高的权重。美国学者 P.E.Baxendale 进行过统计，反映主题的句子，85%出现在段首，7%出现在段尾。尤其对于新闻语料，Searchable Lcad 系统仅仅从文章开头部分抽取给定长度的一部分形成摘要，就达到了 87%～96%的可接受率，说明文章的开头部分是特征信息抽取的重点区域。而对于带有摘要段的文本，其摘要段是文本中含有主题词最多的部分，这里的主题词更能表现文本主题。另外，对于包含在诸如“综上所述”“总而言之”等类句子中的主题词，由于它们往往是结论性的句子，所以也应获得较高的权重。

有文献将特征项分为三种类型，即摘录型、组匹型和其他类型，并分别讨论了抽取的规则。

文献[11]提出了依据模糊数学理论的特征项自动抽取方法，其基本思想是各个特征项的重要性是不同的，即在描述文本主题思想过程中所起的作用不一样。可以用一个模糊集来描述一个文本，用隶属度表明其重要性。

首先进行文本分词处理，将系词、前置词、冠词、代词等词类去掉，然后从头开始扫描，按下列步骤处理。

（1）每个词在其第一次出现时设一个相应的计数器，并置成 1，此后该词每出现一次，就在相应的计数器中加 1。

（2）在标题或摘要中出现的词，除按第 1 步处理外，再在相应的计数器中外加一个整数 T。

（3）在段首或段尾出现的词，除按第 1 步处理外，再在相应的计数器中外加一个整数 P。

（4）在段首或段尾出现的词，除按第 1、3 步处理外，再在相应的计数器中外加一个整数 I。

（5）根据线索词（如“关键在于”“旨在”“总之”“目的在于”），除按第 1～4 步处理外，再在相应的计数器中外加一个整数 K。

（6）对于一些特殊的领域，可根据受限自然语言理解技术和专家的意见，设立其他加权方案。

扫描处理完毕，在出现的多个同义词和转义词中选择计数器积分最高者，保留该词和相应的计数器，然后将其他同义词或转义词计数器中的积分全部加入该计数器中。

将所有词的计数器的积分相加得到和数 S，再把每个计数器中的积分除以 S，然后放入计数器。主要是进行归一化处理，并把此分数作为词的隶属度。

选择适当的阈值 $\lambda \in (0,1]$，进行 λ-滤波操作，把隶属度大于 λ 的词抽取出来，作为文本的特征项。

6.2.2 文本分类

文本分类是一种典型的监督学习问题，一般分为训练和分类两个阶段。具体过程如下。

训练阶段：

（1）定义类别集合 $C = \{c_1, c_2, \cdots, c_m\}$，这些类别可以是层次式的，也可以是并列式的。

（2）给出训练文本集合 $S = \{s_1, \cdots, s_j, \cdots, s_n\}$，每个训练文本 s_j 被标上所属的类别 c_i。

（3）统计 S 中所有文本的特征向量 $V(s_j)$，确定代表 C 中每个类别的特征向量 $V(c_i)$。

分类阶段：

（1）对于测试文本集合 $T = \{d_1, \cdots, d_k, \cdots, d_r\}$ 中的每一个待分类的文本 d_k，

计算其特征向量$V(d_k)$与每个$V(c_i)$之间的相似度。

（2）选取相似度最大的一个类别$\arg\max_{c_i \in C} \mathrm{sim}(d_k, c_i)$作为$d_k$的类别。

有时也可以为d_k指定多个类别，只要d_k与这些类别之间的相似度超过某个预定的阈值。如果d_k与所有的类别的相似度均低于阈值，那么通常将该文本放在一边，由用户来决定。对于类别与预定义类别不匹配的文本而言，这是合理的，也是必要的。如果这种情况经常发生，则说明需要修改预定义类别，然后重新进行上述训练与分类过程。

在计算$\mathrm{sim}(d_k, c_i)$时有多种方法可以选择，最简单的方法是仅考虑两个特征向量所包含的词条的重叠程度，即$\mathrm{sim}(d_k, c_i) = \frac{n\bigcap(d_k, c_i)}{n\bigcup(d_k, c_i)}$，其中$n\bigcap(d_k, c_i)$是$V(d_k)$和$V(c_i)$具有的相同词条数目，$n\bigcup(d_k, c_i)$是$V(d_k)$和$V(c_i)$具有的所有词条数目；最常用的方法是考虑两个特征向量的夹角余弦，即$\mathrm{sim}(d_k, c_i) = \frac{V(d_k) \cdot V(c_i)}{|V(d_k)| \cdot |V(c_i)|}$。

6.2.3　文本聚类

文本聚类是一种典型的无监督的机器学习问题，目前的文本聚类方法大致分为层次凝聚法和平面划分法两种类型。

对于给定的文本集合$D = \{d_1, \cdots, d_i, \cdots, d_n\}$，层次凝聚法的具体过程如下。

（1）将D中的每个文本d_i看成一个具有单个成员的簇$c_i = \{d_i\}$，这些簇构成了D的一个聚类$C = \{c_1, c_2, \cdots, c_n\}$；

（2）计算C中每对簇(c_i, c_j)之间的相似度$\mathrm{sim}(c_i, c_j)$；

（3）选取具有最大相似度的簇对$\arg\max_{c_i, c_j \in C} \mathrm{sim}(c_i, c_j)$，并将其合并为一个新的簇$c_k = c_i \bigcup c_j$，从而构成$D$的一个新的聚类$C = \{c_1, \cdots, c_{n-1}\}$；

（4）重复上述步骤，直至C中剩下一个簇为止。

该过程构造出一棵生长树，其中包含簇的层次信息，以及所有簇内和簇间的相似度。层次聚类方法是最常用的聚类方法，它能够生成层次化的嵌套簇，而且准确度较高。但是，在每次合并时，需要全局地比较所有簇之间的相似度，并选出最佳的两个簇。因此，运行速度较慢，不适合大量文本集。

平面划分法与层次凝聚法的区别在于，它将文本集水平地分割为若干个簇，而不是生成层次化的嵌套簇，对于给定的文本集$D = \{d_1, \cdots, d_i, \cdots, d_n\}$，平面划分法的具体过程如下。

（1）确定要生成的簇的数目 k；

（2）按照某种原则生成 k 个聚类中心作为聚类的种子 $S=\{s_1,\cdots,s_j,\cdots,s_k\}$；

（3）对 D 中的每个文本 d_i，依次计算它与各个种子 s_j 的相似度 $\mathrm{sim}(d_i,s_j)$；

（4）选取具有最大相似度的种子 $\arg\max_{s_j\in S}\mathrm{sim}(c_i,s_j)$，将 d_i 归入以 s_j 为聚类中心的簇，从而得到 D 的一个聚类 $C=\{c_1,\cdots,c_k\}$。

（5）重复第2～4步若干次，以得到较为稳定的聚类结果。

该方法的运行速度较快，但是必须实现确定的取值，并且种子的好坏对聚类结果有较大的影响。

6.2.4 DBSCAN 聚类

1. 算法实现

DBSCAN（Density-Based Spatial Clustering of Applications with Noise）是一个比较有代表性的基于密度的聚类算法。与划分和层次聚类方法不同，它将簇定义为密度相连的点的最大集合，能够把具有足够高密度的区域划分为簇，并可在噪声的空间数据库中发现任意形状的聚类。算法实例如下[12]：

```
# encoding=utf-8
# 环境：anaconda3
# Python3.6.5
import numpy as np
from sklearn.cluster import DBSCAN
from sklearn import metrics
from sklearn.datasets.samples_generator import make_blobs
from sklearn.preprocessing import StandardScaler
import matplotlib.pyplot as plt
class DBScan (object):
    """
    the class inherits from object, encapsulate the  DBscan algorithm
    """
    def __init__(self, p, l_stauts):

        self.point = p
        self.labels_stats = l_stauts
        self.db = DBSCAN(eps=0.2, min_samples=10).fit(self.point)

    def draw(self):

        coreSamplesMask = np.zeros_like(self.db.labels_, dtype=bool)
```

```
        coreSamplesMask[self.db.core_sample_indices_] = True
        labels = self.db.labels_
        nclusters = jiangzao(labels)

        # 输出模型评估参数，包括估计的集群数量、均匀度、完整性、V 度量、
        # 调整后的兰德指数、调整后的互信息量、轮廓系数
        print('Estimated number of clusters: %d' % nclusters)
        print("Homogeneity: %0.3f" % metrics.homogeneity_score
            (self.labels_stats, labels))
        print("Completeness:%0.3f"% metrics.completeness_score
            (self.labels_stats, labels))
        print("V-measure: %0.3f" % metrics.v_measure_score
            (self.labels_stats, labels))
        print("AdjustedRand Index: %0.3f"% metrics.adjusted_rand_
score
            (self.labels_stats, labels))
        print("AdjustedMutualInformation:%0.3f"%
             metrics.adjusted_mutual_info_score(self.labels_stats,
labels))
        print("Silhouette Coefficient: %0.3f"%
             metrics.silhouette_score(self.point, labels))
        # 绘制结果
        # 黑色被移除，并被标记为噪声
        unique_labels = set(labels)
        colors = plt.cm.Spectral(np.linspace(0, 1, len(unique_
labels)))
        for k, col in zip(unique_labels, colors):
           if k == -1:
               # 黑色用于噪声
               col = 'k'
           classMemberMask = (labels == k)
           # 画出分类点集
           xy = self.point[classMemberMask & coreSamplesMask]
           plt.plot(xy[:, 0], xy[:, 1], 'o', markerfacecolor=col,
                  markeredgecolor='k', markersize=6)
           # 画出噪声点集
           xy = self.point[classMemberMask & ~coreSamplesMask]
           plt.plot(xy[:, 0], xy[:, 1], 'o', markerfacecolor=col,
                  markeredgecolor='k', markersize=3)
        # 加标题，显示分类数
        plt.title('Estimated number of clusters: %d' % nclusters)
        plt.show()
    def jiangzao (labels):
```

```
    # 标签中的簇数，忽略噪声（如果存在）
    clusters = len(set(labels)) - (1 if -1 in labels else 0)
    return clusters
def standar_scaler(points):
    p = StandardScaler().fit_transform(points)
return p
if __name__ == "__main__":
     """
     test class dbScan
     """
    centers = [[1, 1], [-1, -1], [-1, 1], [1, -1]]
point,labelsTrue=make_blobs(n_samples=2000,centers=centers,
                cluster_std=0.4,random_state=0)
    point = standar_scaler(point)
    db = DBScan(point, labelsTrue)
    db.draw()
```

2. 运行结果

输出模型评估参数，包括估计的集群数量、均匀度、完整性、V 度量、调整后的兰德指数、调整后的互信息量、轮廓系数。算法自动将数据集分成了 4 个簇，用四种颜色代表。每一个簇内较大的点代表核心对象，较小的点代表边界点（与簇内其他点密度相连，但自身不是核心对象）。黑色的点代表离群点，或者叫噪声点。算法运行结果如图 6.2 所示。

Estimated number of clusters: 4
Homogeneity: 0. 928
Completeness: 0. 862
V-measure: 0. 894
Adjusted Rand Index: 0. 928
Adjusted Mutual Information: 0. 862
Silhouette Coefficient: 0. 584

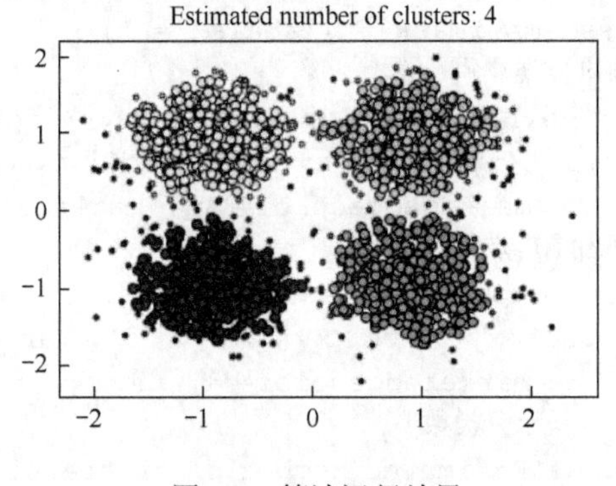

图 6.2　算法运行结果

6.3 中文文本挖掘模型

中文文本挖掘难度较大，体现为汉语分词问题，建立完整的汉语概念体系的困难，以及汉语语法、语义分析的困难。中文文本挖掘模型的基本思想借鉴了数据挖掘的思想，首先将文本按照内容的相似程度划分成若干类别，相当于将数据按其属性组合条件分类，抽取每类的特征，作为该类的标记信息。然后对每个文本进行文本结构分析，将文本分解为层次状的结构单元，抽取各个结构单元的特征，并生成文本摘要。最终形成文本结构树，每个树节点代表一个文本结构单元，通过单元的标记信息进行导航，发现新的概念和获取相应的关系。

6.3.1 文本特征的提取

与通常的图书馆相比较，如果每个文本具有相应的索引信息，如主题词、时间、日期、作者、相关的人名和机构名、事件名、数量信息等，无疑将大大提高其利用效率，为用户带来极大的方便。因此，将非结构化的文本信息，经过特征抽取，转化为结构化信息。由于特征项往往都是名词，因此，可以滤去其他词性的特征项，提高特征项的独立性。

文本特征项包括两部分：一部分是一般特征项，即由一般名词导出的概念；另一部分是由专有名词（包括人名和数量信息）构成的专有特征项。

1. 一般特征项的抽取

对于一般特征项，根据阈值，将权重大于阈值的特征项列出。特征项的权重函数定义如下：

$$f_w(t_i)=\frac{f_u(t_i)\log_2(1+f_v(t_i))^l}{\sqrt{\sum_{j=1}^{m}(f_u(t_j)\log_2(1+f_v(t_j))^l)^2}}(1+\omega) \qquad (6.3.1)$$

其中，$f_w(t_i)$ 表示特征项 t_i 的权重函数；$f_u(t_i)$ 表示特征项在文本内的频数；$f_v(t_i)$ 表示特征项 t_i 的段落频率，即包含 t_i 的段落数/文本总段落数；l 表示特征项 t_i 的长度。如果特征项出现在线索词表中，则 $\omega=0.25$；如果特征项出现在段落（文本）的首句或末句，则 $\omega=0.10$；在其他情况下，$\omega=0$。线索词指“本文论述了”“本文的目的是”“综上所述”等。

这个公式实质上是著名的权重公式 tf×idf 的扩展。权重函数的设计基于如下事实：

特征项的段落频率越高，表明该特征项反映文本主题的能力越强，因此应赋予较大的权重。另外，短词具有较高的频率、更多的含义，是面向功能的；而长词的频率较低，是面向内容的。增大长词的权重，提高词汇的区分度，也可以降低单个汉字成词的不稳定性。

标题、副标题及关键字表中出现的词汇和短语是特征项。

2．日期、时间、数字和货币特征的抽取

每个民族都有自己的数字表示法，但数的概念独立于任何具体的语言。对于数词而言，按照语义分类则分成系数词和位数词。系数词是数字的名字，位数词是数字所处位置的指称。位数词又可以分成层位数词和子位数词，由于大多数语言采用分层读数法，每层配有一个位数词来标记该层的位值，这类位数词称为层位数词。英语数字每三位一层，层位数词有 thousand、million 等。汉语数字是每四位一层，层位数词为“万”“亿”等，为了叙述简便，本节限定层位数词最高为“万亿”。子位数词用于标记每一层内各系数词的位值，汉语有“千”“百”“十”。假定数字只有一层时，即小于一万的数字其层位数词为Ω，小于十的数字的子位数词也为Ω，则数词结构定义如下：

数词::={子数词块+层位数词}^{n}

子数词块::={子系数词+子位数词}

层位数词::={万亿，亿，万，Ω}

子系数词::={零，一，二，三，四，五，六，七，八，九}

子位数词::={千，百，十，Ω}

为了统一数字的表示，便于比较，将各类数字表达方式转化为十进制数字。下面讨论汉语数字转化的规则。首先将层位数词、子位数词和子系数词转化为相应的十进制数字，特别地将Ω转化为10^0。根据相应的层位数词分段，得到如下的数字特征解析式：

$$\text{Digit}(x)=(x_{n3}y_3+x_{n2}y_2+x_{n1}y_1+x_{n0}y_0)w_n+\ldots+(x_{03}y_3+x_{02}y_2+x_{01}y_1+x_{00}y_0)w_0$$

其中，n 称为层数，$y_3=$千，$y_2=$百，$y_1=$十，$y_0=\Omega$，$x_{ij}(i=n,\cdots,0;\quad j=3,2,1,0)$ 为子系数词，$w_i(i=n,n-1,\cdots,0)$ 为层位数词。则转化的数字为

$$\text{Digit}(x)=\sum_{i=0}^{n}(\sum_{j=0}^{3}x_{ij}10^j)10^i \qquad (6.3.2)$$

如果有小数，则通过“点”或其他标志分段。对于小数部分单独处理后，再与整数部分相加，小数部分数字解析式（不包括小数点）为 $\text{Digit}(x)=z_1z_2\cdots z_m$，

$z_i(i=1,\cdots,m)$ 是子系数词，则转化的数字为 $\text{Digit}(x)=\sum_{i=1}^{m} z_i 10^{-i}$ 。

除上述的单纯数字转化外，对于与数字紧密结合的修饰词也必须加以分析，以获取范围信息，如超过五十吨、少于一百万张、一万多元等。同时要区分已经被习惯地用作其他意义的数词，如十分、一点、万一等。

识别出的数字还应考虑相应的种类特征，即分成日期、时间、数字和货币等加以处理。

这些种类的主要特点是相应的词组一般由数词和各种特征词构成，如年、月、日、元、角、美元、马克等。数词表现方式比较复杂，有汉字，有阿拉伯数字，数字间可能存在其他字，如二十八岁、50 马克、五月六日、一元八角、1234.01、百分之四十五、四分之三等。

文本的数字特征是文本挖掘的重要内容，通过关键数字发掘相关的文本内容和统计分析。这方面可以从数据库的使用中体会其统计分析的重要性。

6.3.2　重心向量与文本聚类

聚类方法是研究批量对象的常用手段。将具有相似内容的文本归为一类，以共性特征来描述类别，可以发现有规律的事实和规则。聚类方法分为具有预先分类模式的方法和没有分类模式的方法。针对处理的语料的特点，挖掘模型选用具有预先分类模式的聚类方法。

假定文本集为 D，共分为 n 类。采用示例文本集作为各类的表示，$D=D'\cup D''$。其中 D' 是训练文本集，D'' 是待分类的文本。该聚类方法的基本思想是将待分类的文本与每个类别的文本重心相比较，以确定与之最相似的类别。

假设第 k 类的文本重心为 $W=(w_1,w_2,\cdots,w_m)$，项集为 $\{t_1,t_2,\cdots,t_m\}$，L 代表其训练集文本数，训练集 $D_k=\{T_1,T_2,\cdots,T_L\}$，其中 $T_i=(w_{i1},w_{i2},\cdots,w_{im})$，$w_{ij}=\text{tf}_{ij}\times\text{idf}_j$，$\text{tf}_{ij}$ 是项 t_j 在文本 T_i 中的频率，idf_j 是项 t_j 在文本集中的反比文本频率，则类别的重心向量为 $w_j=\frac{1}{L}\sum_{p=1}^{L}\sum_{q=1}^{m} w_{pq}(j=1,2,\cdots,m)$。设待分类文本为 $T=(a_1,a_2,\cdots,a_m)$，计算相似程度 $\text{sim}(T,W)=\frac{1}{\|T\|\|W\|}\sum_{j=1}^{m} a_j w_j$，取最大者的类别为其所属，这里不允许兼类。

选择重心算法的主要原因是其响应速度快、计算简便。由于采用概率密度作为权重，减少了分量之间的依赖关系，与单纯的词频相比精度较高。

6.3.3 文本自动摘要技术

文本挖掘中的文本摘要是为了使用户对文本的内容有一个比较全面的认识，以决定是否深入了解该文本。鉴于这样的目的，我们采用基于统计的文本摘要自动生成方法。因为它响应速度快，适用范围广，不依赖领域知识，这对于大规模真实文本的处理显得尤为重要。而基于理解的文本摘要方法难度很大，涉及自然语言理解和生成方面的问题，对于领域知识具有强烈的依赖性，目前的研究也仅限于极其狭窄的领域。

基于统计的文本摘要自动生成方法的基本思想是将原文中与主题密切相关的句子挑选出来，这样的句子往往位于比较特殊的部分或含有较强的提示，而且含有较多的特征项。例如，Edmundson 等人给出了多种抽取文本摘要句子的方法，一是将包含线索词的句子作为候选文摘句，线索词包括“本文论述了”“本文的目的是”“综上所述”等；二是将包含较多标题特征项的句子作为候选文摘句，因为绝大多数文章的标题和副标题都能概括地表达文章的中心内容；三是将文章的特殊段落（首段、末段）中的某些句子作为候选文摘句。

下面设计句子的权重函数，以评价各个句子的重要性。

句子的权重函数：

$$f_s(s)=\alpha\frac{|s\cap B|}{|B|}+\beta\sum_{j=1}^{m}\frac{f_w(t_j)}{|s|}+\gamma|s\cap C| \tag{6.3.3}$$

其中，$f_s(s)$ 表示句子的权重函数，$f_w(t_j)$ 表示特征项的权重函数，B 表示标题特征项集合，C 表示线索词集合。$|B|$、$|s|$、$|s\cap B|$、$|s\cap C|$ 分别表示标题特征项集合长度、句子长度、标题与句子交集的长度和句子与线索词集合交集的长度。α、β、γ 为调节参数。此处设 $\alpha=0.2$，$\beta=0.6$，$\gamma=0.2$。

公式的第一部分反映句子与标题的相关程度；第二部分表明句子与文本的相关程度；第三部分表明句子是不是总结性或综述性句子，这是摘要句典型的特征。

段落的权重函数：$f_p(p)=\mathrm{sim}(p,T)$，即段落特征向量与文本特征向量的交角余弦。

按照段落的权重来分配摘取句子的长度。如果设文本 T 的摘要压缩率为 r，文本长度为 L，那么在段落 p 中所摘取的句子长度为 $Lrf_p(p)$。

首先，将各个段落中的句子按照权重从大到小排列。然后，按照段落摘要长度的要求，摘取适量的句子，将其按照在文本中所处的位置顺序排列。最后，整理从各个段落中摘取的句子，构成文本摘要。

6.3.4　文本可视化表示

经过文本聚类，可以得到文本集的三级组织结构，即文本类别、文本、文本正文，加上虚拟的根节点，形成文本集的结构树。其中每个节点的标记信息包含三个属性{No,Physical_Stru,Logic_Stru}，No 为序号，Physical_Stru 为物理结构，Logic_Stru 为逻辑表示。序号表明在同一层次上的排列序号。物理结构表明节点的组成情况，通过指针连接子节点。逻辑表示表明节点所包含的内容。

（1）根节点的标记信息=$\{0, (C_1,C_2,\cdots,C_K), \Phi\}$，0 代表序号，$C_i$ 代表类别，Φ代表空。

（2）类别节点的标记信息=$\{i, (T_1^{(i)},T_2^{(i)},\cdots,T_l^{(i)}),(t_1,t_2,\cdots,t_p)\}$。$i$ 代表类别序号，$T_j^{(i)}$ 代表文本，t_j 表示类别的特征项集合。

（3）文本节点的标记信息=$\{j,\ T_j, S\}$。j 代表序号，T_j 代表文本，S 代表文本的摘要。

（4）文本正文节点的标记信息=$\{H,\ T_j$, Text}，Text 代表正文内容，即自身内容。

用户浏览文本，实质上是按照某种方式遍历文本结构树。依据个人兴趣，通过父节点的摘要信息，决定是否查看其子节点的细节信息。利用节点的标记信息，表明该节点所表达的内容，同时指向其子节点，形成超文本链接，其链接顺序为：类别标记→文本标记→文本正文，这就是文本的可视化表示。图 6.3 为文本集的结构树。

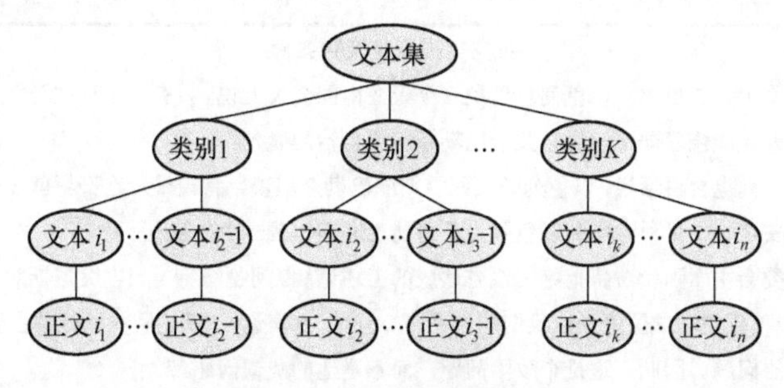

图 6.3　文本集的结构树

通过这些标记信息，形成超文本链接，为用户逐级展示文本内容，方便用户在不同主题间跳转，加快浏览速度。

文本挖掘的应用前景是十分广阔的。面对海量电子文本，传统的数据挖掘

显然无能为力，因为非结构化的文本中可直接利用的信息十分有限。而且，并非仅仅通过分词和词频统计就能解决大量潜在的有价值信息的提取。通过上述的文本可视化表示，用户能够根据自身的需求，在层次导航机制的帮助下，寻找感兴趣的信息。

应用举例如图 6.4～图 6.6 所示。

01 工业 02 农林渔牧 03 环境保护 04 国际 #1845 ***拉宾提出恢复谈判条件*** 摘要 全文 05 军事 ……	#1845 **ABSTRACT（30%）** **拉宾提出恢复谈判条件** 以色列总理拉宾今天在内阁会议上说，只有在上周在开罗达成的协议草案的基础上，以色列才能恢复同巴解组织关于巴勒斯坦人自治的谈判。 但巴解组织执委会主席阿拉法特拒绝了双方达成的上述谅解。 据报道，拉宾和佩雷斯已同意同巴解组织恢复在巴黎举行的经济谈判。

图 6.4　按文本分类浏览

中东 以色列 拉宾 巴勒斯坦 ***巴解组织*** 巴勒斯坦解放组织 埃及	(# 3718）巴勒斯坦和以色列在埃及恢复谈判 (# 2217)埃及总统穆巴拉克在埃及塔巴会见巴解组织执委会主席阿拉法特 (# 2681）以色列加快建立新的犹太移民定居点的速度。 (# 5649）巴勒斯坦将组成一个民主共和政府 (# 1845）***拉宾提出恢复谈判条件***

图 6.5　按特征项浏览

拉宾提出恢复谈判条件

新华社耶路撒冷 1 月 2 日电　以色列总理拉宾今天在内阁会议上说，只有在上周在开罗达成的协议草案的基础上，以色列才能恢复同巴解组织关于巴勒斯坦人自治的谈判。

拉宾 1 日在以色列电台讲话说，以色列外长佩雷斯同巴勒斯坦谈判代表最近在开罗就 3 个主要问题达成了谅解，即边界安全、杰里科范围和以色列士兵追捕巴勒斯坦袭击者的权利。

但巴解组织执委会主席阿拉法特拒绝了双方达成的上述谅解。阿拉法特 1 日在突尼斯对蒙特卡洛电台记者说："我们不能接受拉宾试图强加给我们的条件。"对此，拉宾说："困扰阿拉法特的主要问题是，他是否控制国际边界的问题。因此，这是个政治问题，而不是他的威望问题。"

拉宾强调，从安全考虑，巴勒斯坦的杰里科飞地和约旦河间的距离必须在 3～5 公里，加沙地带的安全范围可以小一些。

据报道，拉宾和佩雷斯已同意同巴解组织恢复在巴黎举行的经济谈判。

图 6.6　示例文本全文

6.4　研究现状与发展趋势

互联网作为一种工具，越来越多地渗透到人们的日常生活中，人们借助微信交流，使用微博了解时事，通过评论表达自己对于事件的看法。自媒体时代，人们在阅读信息的同时，也在产生信息，这使得信息量呈现爆炸式增长，如何从中筛选出有效信息便成为当前的核心问题[13]。所谓的文本挖掘，简单地说，就是从文本数据中挖掘出有意义的信息的过程。语言本身的结构表征和建模后的高维特性，使得后续的挖掘过程面临着严重的效率问题[14]。

目前，文本挖掘技术已经被广泛应用于互联网搜索与服务行业。主要采用的技术包括网页信息抽取技术、网页聚类技术、日志挖掘技术等，其目的是通过对互联网网页、用户日志等数据进行分析，改善搜索效果和提高用户体验。然而，与互联网搜索领域不同，数字出版领域的数字出版物形式多样，包括期刊、报纸、书籍等，不同类型的出版物具有不同的篇幅与结构。传统的文本挖掘技术已不能满足对数字出版领域数字内容的智能化处理与分析需求，因此亟待研发面向数字出版领域的文本挖掘技术[15]。国内对于动态多文档文摘的研究基本都基于英语语料及国际标准评测的方法，基本没有中文多文档文摘动态性能的研究，这是中文文摘技术发展的一个突破口[16]。科技期刊被赋予传承人类文明、荟萃科学发现、引领科技发展的历史重任，截至 2017 年年底，全国拥有科技期刊 2052 种，对其进行分析并挖掘有效知识，对期刊行业的未来发展、评估及文章质量提升有着全面的意义。利用文本挖掘的形式，可对期刊文献进行充分的分析和研究，需要将文本相似度量、文本聚类及主题提取等方法与统计学方法进行结合，以便对期刊文献实施深层次的挖掘[17]。

基于自然语言处理技术和数据挖掘技术，面向数字出版领域的文本挖掘技术，对异构出版内容资源内包含的知识体系进行抽取和挖掘，为资源的编辑、加工、整理提供帮助，为知识标引和素材推荐等提供技术支撑。一方面，对已有文本挖掘技术（如基于条件随机场的序列标注技术、基于支持向量机的分类技术等）进行升级改造，以满足数字出版行业的技术要求；另一方面，针对新的技术需求，研发文本挖掘创新技术（如开放式实体关系抽取技术、基于图学习模型的摘要和关键词统一抽取技术），不断改进，不断发展，从而使服务水平提高一个层次。

6.5 本章小结

中文文本挖掘难度较大，在建立完整的汉语概念体系和汉语语法、语义分析等方面存在很大的困难。在创建文本挖掘模型时，给出了一般特征项的筛选方法和数字特征的获取和表示。在文本摘要方面，给出了基于统计的摘要生成算法，并给出了基于层次导航的文本可视化模型。

在设计文本挖掘模型的过程中，面对海量文本，采用统计方法有着较强的适应性和良好的反映能力，不依赖具体领域知识。但是随着需求的深入，引入自然语言理解技术势在必行，以便更深入地挖掘知识。但如何协调适应性和精确性的关系，以及文本的来源多样化与领域知识库的关系是关键问题。文本挖掘在以下几方面还有大量的工作可做。

（1）对于细粒度的具体领域的知识发现任务，通过语义分析获得丰富的表示，以得到文档中对象或概念间的关系。然而，语义分析方法计算复杂，如何在大的文本集合中进行有效的语义分析是一个挑战性课题。

（2）多语言文本提炼。数据挖掘大体上是语言独立的，而文本挖掘涉及有意义的语言元素。开发一个能处理多语言文本文档和产生语言独立的中间形式的文本提炼算法是必要的。而大部分文本挖掘工具只能处理英文文档，从其他语言的文档尤其是中文文档中挖掘信息，给我们提供了新的研究机遇。

（3）领域知识的综合。在文本挖掘中领域知识起到重要作用，但目前文本挖掘工具中还不能提供领域知识。领域知识在文本提炼阶段就可以使用。如何利用领域知识去改善分析的有效性和获得更紧凑的中间形式是有趣的探讨方向。在分类或预测模型任务中，领域知识可改善学习或挖掘的有效性和质量。如何利用用户的知识去初始化知识结构和使发现的知识更具有可解释性也是研究方向。

（4）个性化的自动挖掘。目前文本挖掘的产品和应用还是供受训过的知识专家使用的工具。未来的文本挖掘工具作为知识管理系统的一部分，应该很容易地由用户自己使用。人们已经在开发解释自然语言查询和自动执行合适的挖掘操作的系统方面做出了一些努力。文本挖掘工具应以智能化和个性化的助手的形式出现。在智能代理的范例下，个性化的挖掘系统应能学习用户的模板，指导文本挖掘自动地进行，并且不需要从用户那里获得清晰的询问就能得到有用的信息。

参考文献

[1] 吴立德, 等. 大规模中文文本处理[M]. 上海: 复旦大学出版社, 1997.

[2] John G H, Kohavi R, Pfleger K. Irrelevant Features and the Subset Selection Problem[J]. In Proceedings of 11th International Conference on Machine Learning ICML94,1994, 121-129.

[3] Fuhr N. Models for Retrieval with a Probabilistic Indexing[J]. IP&M, 1989, 1.

[4] Croft W B. Document Representation in Probabilistic Models of Information Retrieval[J]. JASIS, 1981, 32(6).

[5] Furnas G W, Deerwester S Dumais S. T, Landauer T K, Harshman R A, Streeter L A, Lochbaum K E. Information retrieval using a singular value decomposition model of latent semantic structure[J]. In Proceedings of the 11th ACM International Conference on Research and Development in Information Retrieval, 1996, 49-57.

[6] G K Zipf. Human Behavior and the Principle of Least Effort[M]. Addison Wesley Publishing, Massachusetts, 1949.

[7] G Salton, J Allen, C Buckley, A Singhal. Automatic Structuring and Retrieval of Large Text Files[J]. Communications of the ACM, Vol.37, No.2, Februuary 1994, 97-108.

[8] Francois Paradis. Using Linguistic and Discourse Structures for Topic Indexing[J]. Computational Linguistics, 1992, 12(3).

[9] Yoshiki Niwa, et al. Topic Graph Generation for Query Navigation: Use of Frequency Classes for Topic Extraction[J]. In Proceedings of NLPRS'97, Natural Language Processing Pacific Rim Symposium, 95-100.

[10] 刘开瑛, 等. 中文文本中抽取特征信息的区域与技术[J]. 中文信息学报, 1995, 12(2): 1-7.

[11] 何新贵, 彭浦阳. 中文文本的关键词自动抽取和模糊分类[J]. 中文信息学报, 1995,9(4): 25-32.

[12] 陶瑞. 各种聚类算法最全总结[EB/OL]. https://blog.csdn.net/qq_30262201/article/details/7879992 6, 2017-12-14.

[13] 余传明, 李浩男. 基于多任务深度学习的文本情感原因分析[J]. 广西师范大学学报, 2019,17(1).

[14] 张文硕, 许艳春, 谢术芳. 基于文本挖掘的自动非负矩阵分解的层次聚类方法[J]. 江苏科技信息, 2019, 4.

[15] 高国连. 异构数据文本挖掘技术研究[J]. 中国管理信息化, 2019, 20(21).
[16] 刘美玲, 王慧强. 中文文本挖掘的动态文摘建模方法[J]. 哈尔滨工程大学学报, 2019, 140(4).
[17] 朱军涛, 苗蕾. 文本挖掘在期刊评价中的应用研究[J]. 企业技术开发, 2018, 37(12).
[18] G Salton, et al. A Vector Space Model for Automatic Indexing[J]. Communications of the ACM, 1995, 18(1).
[19] Oard D. Information Filtering Resources[EB/OL]. http://www.ee.umd.edu/medlab/filter.

第 7 章 聚类分析与应用

随着数据挖掘研究领域技术的发展，作为数据挖掘主要方法之一的聚类算法也越来越受到人们的关注。聚类（Cluster）就是把大量的 d 维数据样本聚集成 k 个类，使同一类中样本的相似性最大，而不同类中样本的相似性最小。聚类与分类的根本不同在于：在分类问题中，我们知道训练集的分类属性；而在聚类问题中，我们需要从数据集中找出这个分类属性。在分类模块中，对于目标数据库中存在哪些类是知道的，要做的就是将每一条记录分别属于哪一类标记出来，与此相似但又不同的是，聚类是在预先不知道目标数据库到底有多少类的情况下，希望将所有的记录组成不同的类。

聚类已经作为一种基本的数据挖掘方法广泛地应用于相似搜索、顾客划分、模式识别、趋势分析、电子商务、图像处理、文本学习、数据库、机器学习、文件恢复等领域。在这些问题中，几乎没有有关数据的先验信息（如统计模型）可用，而用户又要求尽可能地对数据的可能性少进行假设。在这些限制条件下，聚类算法特别适合于查看数据点中的内在关系，以及对它们的结构进行评估。

在众多的聚类算法中，k-平均值算法的应用领域非常广泛，包括图像及语音数据压缩、使用径向基函数网络进行系统建模的数据预处理，以及异构神经网络结构中的任务分解。原始的 k-平均值算法对孤立点很敏感，少量的孤立点会对聚类结果产生较大的影响。

7.1 聚类的基本概念

7.1.1 聚类的定义

所谓聚类，就是将物理或抽象对象的集合分成相似的对象类或簇的子集，每个类中的数据都有相似性，它的划分依据就是“物以类聚”[1]。数据聚类分析是根据事物本身的特性，研究对被聚类的对象进行类别划分的方法。聚类分析依据的原则是使同一聚类中的对象具有尽可能大的相似性，而不同聚类中的对象具有尽可能大的相异性。聚类分析主要解决的问题就是如何在没有先验知识的前提下，实现满足这种要求的聚类的聚合。聚类分析是无监督学习，主要体现在聚类学习的数据对象没有类别标记，需要由聚类学习算法自动计算。

7.1.2 聚类算法的分类

由于聚类分析在数据处理中的重要性和特殊性，近年来涌现出许多聚类算法，具体如下。

基于划分的聚类算法[1]，如 *k*-平均值（*k*-means）算法、*k*-模（*k*-modes）算法、*k*-中心点（*k*-medoids）算法。

基于层次的聚类算法，如 BIRCH 算法、CURE 算法、ROCK 算法、CHEMALOEN 算法等。

基于密度的聚类算法，如 DBSCAN 算法、OPTICS 算法等。

基于网格的聚类算法，如 STING 算法、CLIQUE 算法等。

基于模型的聚类算法，如期望最大化算法、概念聚类、神经网络算法等。

这些算法涉及的领域几乎遍及人工智能科学的方方面面，而且在某些特定的领域中取得了理想的效果，现在聚类分析的理论正在不断发展，研究的方向也在不断拓展。

7.1.3 数据挖掘中聚类算法的比较标准

聚类是一个富有挑战性的研究领域，它的潜在应用提出了各自特殊的要求。为了能更合理地比较各聚类算法，对各聚类算法的比较应基于以下标准[2]。

（1）算法是否有较好的可伸缩性：看算法能否既较好地处理小数据量，又有效处理大数据量，现在处理的数据量都是巨大的，因此可伸缩性强的聚类算法较好。

（2）算法效率是否较高：看算法是否有较高的效率，能满足大数据量、高复杂性的数据聚类要求，算法效率取决于很多方面，当然是效率越高越好。

（3）算法是否能处理不同类型属性的数据：看聚类算法是否能有效处理各种类型的数据，如数值型、序数型、二元型、布尔型、枚举型、混合型等。

（4）算法是否能发现任意形状的聚类：聚类特征的未知性决定聚类算法要能发现球形的、嵌套的、中空的等任意复杂形状和结构的聚类。

（5）算法中的输入参数和用于决定输入参数的领域知识是否最小：许多聚类算法常要求用户输入一定的参数，如需要发现的聚类数、结果的支持度及置信度等，并且聚类结果对于这样的输入参数十分敏感，而这些参数对于高维数据来说通常是很难确定的，这就加重了用户使用这个工具的负担，使得分析的结果很难控制，因此要尽量避免这些参数。

（6）算法是否有较好的处理噪声数据的能力：现实世界中的数据库常包含孤立点、空缺、未知数据或错误数据，为了使这些数据不影响聚类结果的质量，要求聚类算法对于这样的数据不敏感。

（7）算法是否有处理高维数据的能力：聚类算法不仅要擅长处理低维的数据集，还应能处理高维、数据可能非常稀疏且高度偏斜的数据集。

（8）算法是否对输入记录的顺序不敏感：对同一聚类算法，当以不同的顺序输入数据时，生成的聚类结果应差别不大。

（9）算法在增加限制条件后的聚类分析能力是否依然很强：现实的应用中总会出现各种其他限制，聚类结果既要满足特定的约束，又要具有良好的聚类特性。

（10）算法结果是否有较好的可解释性和可用性：聚类的结果都是面向用户的，所以结果应该是容易解释和理解的，并且是可应用的。这就要求聚类算法必须与一定的语义环境及语义解释相关联。领域知识如何影响聚类分析算法的设计是很重要的一个研究方面。

下面就根据这几个标准来分析聚类算法中的常用算法，它们分别是基于划分的算法、基于层次的算法、基于密度的算法、基于网格的算法和基于模型的算法。

7.2　常用聚类算法介绍与分析

7.2.1　基于划分的聚类算法

划分聚类（Partitioning Clustering）算法[3]把数据样本点集分为 k 个划分，每个划分作为一个类。它一般从一个初始划分开始，然后通过重复的控制策略，使某个准则函数最优化，而每个聚类由其质心来代表（*k*-means 算法），或者由该类中最靠近中心的一个样本来代表（*k*-medoids 算法）。给定聚类数目 k 和目标函数 f，该算法把数据集划分成 k 个类，使得目标函数在此划分下达到最优。该算法把聚类问题转化成一个组合优化问题，从一个初始划分或一个初始聚点集合开始，利用迭代控制策略优化目标函数。最常用的目标函数为 $f=\sum_{i=1}^{k}\sum_{O\in C_i} d(O,P_i)$，其中 P_i 是每一个聚类的中心。典型的划分方法有 PAM、CLARA、CLARANS 等。k-means 算法是应用最广泛的聚类算法。k-means 算法以 k 为参数，把 n 个对象分为 k 个类，使簇内相似度较高，而簇间相似度较低。簇的中心为簇中对象的平均值（被看作簇的质心）。算法只用于数字属性数据的聚类，算法有很清晰的几何和统计意义，抗干扰性较差。通常以各样本与其质心欧几里德距离总和作为目标函数，也可将目标函数修改为各类中任意两点间欧几里德距离总和，这样既考虑了类的分散度，也考虑了类的紧致度。如果将目标函数看成分布归一化混合模型的似然率对数，k-means 算法就可以看成概率模型算法的推广。

k-means 算法的流程如下：首先随机地选择 k 个对象，每个对象初始代表一个簇的平均值或中心，将剩余的对象分别归到与簇中心距离最近的簇；然后重新计算每个簇的平均值，不断重复这个过程，直到准则函数收敛为止。

图 7.1 为划分聚类算法的框图，其中前三个步骤都有各种方法，通过组合可以得到不同的划分聚类算法。

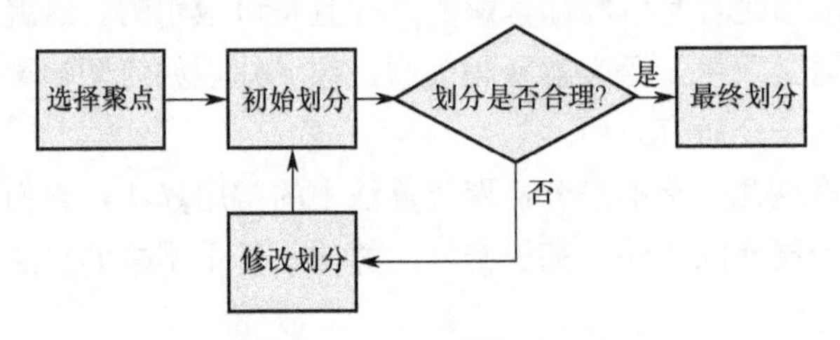

图 7.1 划分聚类算法的框图

划分聚类算法要多次扫描数据库，一般要求所有的数据都装入内存，这限制了它们在大规模数据上的应用。它们还要求用户预先指定聚类的个数，但在大多数实际应用中，最终的聚类个数是未知的。初始中心的选择会对聚类结果产生很大影响，往往得不到全局最优解，常常得到的是次优解。另外，划分聚类算法只使用某一固定的原则来决定聚类，这就使得当聚类的形状不规则或大小差别很大时，聚类的结果不能令人满意。划分聚类算法收敛速度快，适合于凸形分布大小相近的类的识别，而不能发现任意形状的类；这种算法对顺序不太敏感，对于“噪声”和孤立点数据很敏感，少量的这类数据就会对平均值产生极大的影响。

7.2.2　基于层次的聚类算法

层次聚类算法[3]递归地对对象进行合并或分裂，直到满足某一终止条件为止。根据层次的分解如何形成，层次聚类算法又分为两种类型：凝聚（自底向上）和分裂（自顶向下）。凝聚层次聚类采用自底向上的策略进行聚类，它从单成员聚类开始，把它们逐渐合并成更大的聚类，在每一层中，相距最近的两个聚类被合并。相反，分裂层次聚类则采用自顶向下的策略，首先将所有的样本看成一个类，然后进行迭代分裂。需要预先设定一个终止条件（如设定类数目），当凝聚或分裂过程满足该条件时终止算法。典型的层次聚类算法有 BIRCH、CURE、ROCK、CHEMALOEN、AGNES、DIANA 等。BIRCH[4]是专门针对大规模数据集提出的聚结型层次聚类算法，它引入了聚类特征和聚类特征树（用来存储聚类特征信息的平衡树）的概念对数据进行压缩，不但减小了需要处理的数据量，而且压缩后的数据能够满足 BIRCH 聚类过程的全部信息需要，不影响聚类质量。BIRCH 算法[2]的核心是用一个聚类特征三元组总结一个簇个体的有关信息，从而使一簇点可以用对应的聚类特征表示，而不必用具体的一组点来表示，并通过构造满足分支因子和类直径限制的聚类特征树来求聚类。算法的聚类特征树是一个具有分支因子 B 和类直径 T 两个参数的高度平衡树。分支因子规定了树的每个节点子女的最多个数，而类直径体现了对一类点的直径大小的限制，即这些点在多大范围内可以聚为一类，非叶节点为它的子女中的最大关键字，可以根据这些关键字进行插入索引。它总结了其子女的信息。

图 7.2 为一个凝聚的层次聚类算法和一个分裂的层次聚类算法在包含五个对象的数据集合 $\{a,b,c,d,e\}$ 上的处理过程。

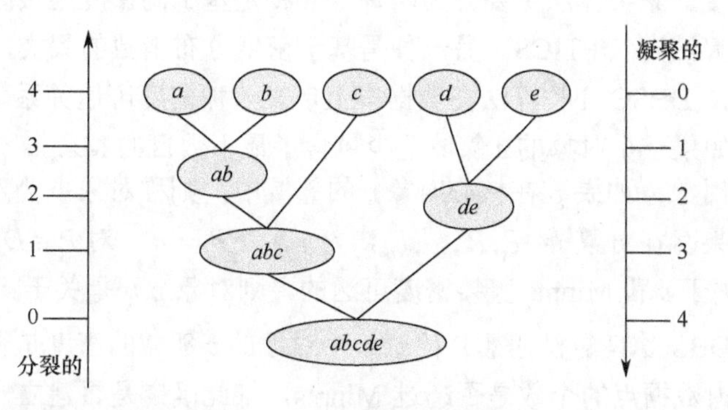

图 7.2　一个凝聚的层次聚类算法和一个分裂的层次聚类算法在包含五个对象的数据集合 $\{a,b,c,d,e\}$ 上的处理过程

该类算法的优点是具有灵活性，可以在不同层次进行分类，可以处理任何类型的相似性，可以处理任何属性的数据，能得到不同粒度上的多层次聚类结构，其中 BIRCH 算法通过一次扫描就可以进行较好的聚类。

该类算法的缺点：算法终止条件不明确，要求用户给定一个合并或分裂的终止条件，如聚类的个数或两个聚类间的最小距离；在处理过程中没有向上层反馈信息，没有优化过程，一个步骤（合并或分裂）一旦完成，就不能被撤销。

该类算法采用了半径或直径的概念来限制类的分布范围，所以适用于对象分布为球形的情况；另外，该类算法在数据输入顺序不同的情况下聚类的结果可能会有所不同。

7.2.3 基于密度的聚类算法

很多算法中都使用距离来描述数据之间的相似性，但对于非凸数据集，只用距离来描述是不够的。对于这种情况，要用密度来取代相似性，这就是基于密度的聚类算法。以空间中的一点为中心，单位体积内点的个数称为该点的密度。将类看成稠密连接的样本，并且随着密度的变化可以向任意方向延伸。直观来看，聚类内部点的密度较大，而聚类之间点的密度较小。基于密度的聚类根据空间密度的差别，把具有相似密度的点作为聚类。由于密度是一个局部概念，这类算法又称局部聚类。基于密度的聚类通常只扫描一次数据库，所以又称单次扫描聚类。对于空间中的一个对象，如果它在给定半径的邻域中的对象个数大于某个给定的数值 Minpts，则该对象被称为核心对象，否则称为边界对象。由一个核心对象密度可达的所有对象构成一个聚类。

基于密度的聚类算法主要分为两种，一种是基于高密度连接区域的密度聚类，其典型算法有 OPTICS；另一种是基于密度分布函数的聚类，其典型算法是 DBSCAN。DBSCAN[5]算法在数据集上定义一种密度可达关系。密度可达关系的定义：如果一个对象的 ε 邻域至少包含了最小数目的 Minpts 个对象，则该对象为核心对象；如果 p 在核心对象 q 的邻域中，则称对象 p 为对象 q 直接密度可达；如果存在对象链 $P_1,P_2,\cdots,P_n$，$P_1=q$，$P_n=p$，对 $P_i\in D$（对象集），P_{i+1} 是从 P_i 关于 ε 和 Minpts 直接密度可达的，则对象 p,q 是关于 ε 和 Minpts 密度可达的。DBSCAN 算法思想：检查一个对象的 ε 邻域的密度是否足够高，即一定距离 ε 内数据点的个数是否超过 Minpts，依此确定是否建立一个以该对象为核心对象的新簇，再合并密度可达簇。

基于密度的聚类算法将簇看作数据空间中被低密度区域分割开的高密度对

象区域，其优点是只扫描一遍。基于密度的聚类算法从样本数据的密度出发，把密度足够大的区域连接起来，从而可以发现任意形状的类，并可以在带有“噪声”的空间数据库中发现形状任意、个数不定的聚类，还可以聚类任意形状的数据集，抗干扰性好，适用于空间数据聚类。

7.2.4　基于网格的聚类算法

划分聚类算法[6]对数据的排序敏感，密度聚类算法处理数字属性效果较好，但处理字符属性效果较差。网格聚类算法克服了这些缺点，它继承了属性空间中的拓扑结构，将对点的处理转化为对空间的处理，通过对空间的划分达到数据聚类的目的。网格文件把一维空间的哈希方法扩展到多维空间，用来组织和管理多维空间的数据。它采用一个多分辨率的网格数据结构，将数据空间划分为若干单元，每一维上分割点的位置信息存储在数组中，分割线贯穿整个空间。典型的网格聚类算法有 STING、WaveCluster 和 CLIQUE。

网格聚类算法的共同之处是首先把数据空间划分成一定数目的单元，以后所有的操作都是对单元进行的。但是所有的网格聚类算法都存在量化尺度的问题。一般来说，划分太粗糙会使不同聚类的对象被划分到同一个单元的可能性增加（量化不足）。相反，划分太细致会得到许多小的聚类（量化过度）。通常的方法是先从小单元开始寻找聚类，再逐渐增大单元的体积，重复这个过程直到发现满意的聚类为止。

STING[2]（Statistical Information Grid）算法的基本思想：先将数据空间划分成矩形单元，对应不同级别的分辨率，存在不同级别的矩形单元，这些单元形成一个层次结构，即高层的每个单元被划分为多个低一层的单元。高层单元的统计信息可以通过计算低层单元获得，而统计信息的查询则采用自顶向下的基于网格的方法。

WaveCluster[2]（Clustering Using Wavelet Transformation）算法是一种基于网格和密度的多分辨率变换的聚类方法，它的算法思想：首先在数据空间上强加一个多维网格结构来汇总数据，然后采用一种小波变换来变换原特征空间，在变换后的空间找到聚类区域。

CLIQUE 算法综合了密度和网格聚类算法。它将簇定义为相连的密集单元的最大集合。它利用了关联规则挖掘中的先验性质：如果一个 k 维单元是密集的，那么它的 $k-1$ 维空间上的投影也是密集的。它的中心思想：给定一个多维数据点的大集合，数据点在数据空间中通常不是均衡分布的，该算法区分空间中稀疏和“拥挤”的区域（单元），如果一个单元中包含的数据点数超过了某个输入参数，则该单元是密集的。它的工作过程分为两步[5]：

第一步，将 n 维数据空间划分为互不相交的矩形单元，识别其中的密集单元。该工作对每一维进行。

第二步，为每个簇生成最小化的描述。对每个簇，确定覆盖相连的密集单元的最大区域。

网格聚类算法的主要优点是处理速度快，其处理时间独立于数据对象的数目，仅依赖于量化空间中每一维上的单元数目。本质上，它经过了如下的转换过程：数据→网格数据→空间分割→数据分割。这样不直接对数据进行处理的优点是网格数据的增加使得网格聚类算法不受数据次序的影响。网格聚类算法适用于各种类型属性的数据。该算法实际上综合了划分聚类算法和层次聚类算法的思想，是这两种算法发展的必然融合。

7.2.5 基于模型的聚类算法[3]

模型聚类算法为每个簇假定了一个模型，寻找数据对给定模型的最佳拟合。一个模型聚类算法可能通过构建反映数据点空间分布的密度函数来定位聚类，基于标准的统计数字自动决定聚类的数目，考虑“噪声”数据或孤立点，从而产生健壮的聚类算法。典型的模型聚类算法包括统计学方法（COBWEB、CLASSIT 和 AutoClass）和神经网络算法（如竞争学习和自组织特征图）。

1. COBWEB 算法

COBWEB 算法是一个通用且简单的基于统计的聚类算法，它用分类树的形式来表现层次聚集，并用一种启发式的评估衡量标准来引导树的建立。COBWEB 能自动修正划分中类的数目。它的缺点：假定根据统计得到的对于单个属性的概率分布函数和其他属性之间是独立的，但实际上在两个属性之间通常会存在一些联系。

2. 竞争学习（Competitive Learning）

竞争学习算法是由 Rumelhart 和 Zipser 提出的，它采用了若干个单元的层次（神经元），以一种“胜者全取”的方式对系统当前处理的对象进行竞争。这种方法要输入两个参数：结果簇的数目和每个簇中单元的数目。

3. 自组织特征图（Self-Organizing Feature Maps，SOFM）

SOFM 是一种无监督的聚类算法，它是通过反复学习来聚类数据的，其聚类过程也是通过若干个单元竞争当前对象来进行的。此算法具有无监督学习、可视化、拓扑结构保持及概率保持等特性，广泛应用于聚类分析、图像处理、语音识别等众多信息处理领域。

7.3 聚类算法比较

综上所述，对数据挖掘中的几种主要聚类算法在可伸缩性、适合的数据类型、发现的聚类形状、领域知识依赖性、对噪声敏感性、对输入顺序敏感性和处理高维数据的能力七个方面的比较结果如表 7.1 所示。

表 7.1 聚类算法的比较结果表

算法	可伸缩性	适合的数据类型	发现的聚类形状	领域知识依赖性	对噪声敏感性	对输入顺序敏感性	处理高维数据的能力
基于划分的聚类算法（*k*-平均值）	较高	数值型	凸形，球形	大	敏感	敏感	较低
基于层次的聚类算法	较高	数值型	凸形，球形	大	不太敏感	一般	较低
基于密度的聚类算法	一般	数值型	任意	较大	一般	一般	一般
基于网格的聚类算法	高	数值型	任意	小	不敏感	不敏感	高
基于模型的聚类算法	低	任意	任意	小	一般	不敏感	低

7.4 聚类算法 *k*–means 的改进

7.4.1 聚类算法中的数据类型

聚类分析中的数据结构为数据矩阵和相异度矩阵，聚类分析中的数据类型包括区间标度变量，二元变量（Binary Variables），标称型、序数型和比例型变量（Nominal, Ordina1 and Ratio Variables）及混合类型变量（Variables of Mixed Types）4 种。

数据矩阵（Data Matrix）：对象在多维空间中通常表示为点（向量），其每一维表示为不同属性，这些属性描述对象。数据矩阵用 p 个变量（也称度量或属性）来表现 n 个对象，有 n 行，每行代表一个对象；有 p 列，每列代表对象的一个属性。具体形式如下：

$$\begin{bmatrix} x_{11} & \cdots & x_{1f} & \cdots & x_{1p} \\ \vdots & \vdots & \vdots & \vdots & \vdots \\ x_{i1} & \cdots & x_{if} & \cdots & x_{ip} \\ \vdots & \vdots & \vdots & \vdots & \vdots \\ x_{n1} & \cdots & x_{nf} & \cdots & x_{np} \end{bmatrix} \tag{7.4.1}$$

相异度矩阵（Dissimilarity Matrix）：聚类分析有时使用最初的数据矩阵，但大多数情况下聚类应用经计算的相异度矩阵。相异度矩阵存储n个对象两两之间的近似性，表现形式是一个$n \times n$维的矩阵。在这里，$d(i,j)$是对象i和对象j之间相异性的量化表示，通常它是一个非负的数值，对象i和对象j越相似或越接近，其值越接近0；两个对象越不同，其值越大。具体形式如下：

$$\begin{bmatrix} 0 & & & \\ d(2,1) & 0 & & \\ d(3,1) & d(3,1) & 0 & \\ & & \vdots & \\ d(n,1) & d(n,2) & \cdots & 0 \end{bmatrix} \tag{7.4.2}$$

相异度图（Dissimilarity Graph）：由相异度矩阵可以定义一个带有权重的图。在图中，节点表示要进行聚类的对象，节点间带权重的边表示两节点的相异度。一些聚类算法采用图的结构来表示是很合适的。

7.4.2 相异度的计算

许多数据对象的相似性（或相异性）度量都是基于距离的。在关系数据库中，数据对象集合可以是一个关系数据表，其中一个数据对象对应一条记录，每个数据对象由m个属性描述。我们可以将一个数据对象的m个属性值看作一个m维向量，或者将一个数据对象看作m维向量空间的一个点，将点（或向量）的距离作为数据对象的相异性度量，距离越大，相异性越大。

设$d(i,j)$为数据对象i与数据对象j的距离，$d(i,j)$应满足如下条件。

（1）非负性：对于任意数据对象i,j恒有$d(i,j) \geqslant 0$，即任意两个数据对象的距离不小于零。

（2）对称性：对于任意两个数据对象i,j恒有$d(i,j)=d(j,i)$，即从数据对象i到数据对象j的距离等于从数据对象j到数据对象i的距离。

（3）三角不等式：对于任意数据对象i,j,k，恒有$d(i,j) \leqslant d(i,k)+d(k,j)$，即从数据对象$i$直接到数据对象$j$的距离小于或等于从数据对象$i$经数据对象$k$到数据对象$j$的距离。

7.4.3　聚类准则

聚类准则函数 f 可以理解为反映聚类质量的函数。由于每个类由许多数据对象组成，聚类质量不仅与类相关，还与数据对象相关，因此聚类准则函数 f 应该是关于数据对象集合与类集合的函数。一般采用的聚类准则函数 f 如下：

$$f=\sum_{i=1}^{k}\sum_{O\in C_i}d(O,P_i) \tag{7.4.3}$$

其中，k 是类的数目；P_i 是类 C_i 的代表，可以是类 C_i 的质心、模型、中心点等；$d(O,P_i)$ 是类 C_i 中的数据对象 O 与类 C_i 的代表 P_i 的距离，可以是欧几里德距离、简单匹配系数等。

可以看出，对于给定类数目的统一聚类分析问题，聚类准则函数 f 的值越小，聚类质量越好。

7.4.4　原始的 *k*-means 算法

1. *k*-means 算法的原理

对于大规模文档的聚类，通常采用以 *k*-means 算法为代表的划分聚类算法。划分聚类算法形式描述：已知 d 维空间 R^d，在 R^d 中定义一个评价函数 C：

$$\{X:X\subseteq S\}\to R \tag{7.4.4}$$

给每个聚类一个量化的评价，输入 R^d 中的对象集合 S 和一个整数 k，要求输出 S 的一个划分 $\{S_1,S_2,\cdots,S_k\}$。这个划分使得 $\sum_{i=1}^{k}C(S_i)$ 最小化。不同的评价函数将产生不同的聚类结果，最常用的评价函数定义如下：

$$C(S_i)=\sum_{r=1}^{|S_i|}\sum_{S=1}^{|S_i|}(d(x_r^i,x_s^i)) \tag{7.4.5}$$

其中，S_i 为划分形成的类，x_r^i、x_s^i 分别为 S_i 的第 r 个和第 s 个元素，$|S_i|$ 表示元素个数，$d(x_r^i,x_s^i)$ 为 x_r^i 和 x_s^i 的距离。

最常用的划分聚类算法是 *k*-means 算法，该算法不断计算每个聚类 S_i 的中心，也就是聚类 S_i 中对象的平均值，作为新的聚类种子。

k-means 算法的步骤：

（1）随机选取 k 个不同的数据对象作为 k 个类的代表；

（2）将数据对象分配给距离最近的某个类的代表所属的类，形成 k 个类，计算聚类准则函数；

（3）计算各个类的中心，将这些中心作为各个类的代表，若这些代表与划分前的代表相同则终止，否则转第 2 步。

原始 *k*-means 算法描述[8,1]：

```
k-means(s,k), S={x_1,x_2,…,x_n};
输入：n 个数据对象集合
输出：k 个聚类中心 Z_j 及 k 个聚类数据对象集合 C_j

Begin
  m=1;
  initialize k prototypes Z_j
  repeat
    for i=1 to n do
    begin
      for j=1 to k do
        compute D(X_i,Z_j)=|X_i -Z_j|;
      if D(X_i,Z_j)=min{|X_i -Z_j|}  then X_i ∈C_j;
    end;
    if m=1 then J_c(m)=∑_{j=1}^{k} ∑_{X_i∈C_j} |X_i -Z_j|^2;
    m=m+1;
    for j=1 to k do
          Z_j = (1/n_j) ∑_{i=1}^{n_j} x_i^(j);
          J_c(m)=∑_{j=1}^{k} ∑_{X_i∈C_j} |X_i -Z_j|^2;
until   |J_c(m)-J_c(m-1)|<ξ
End
```

2．*k*-means 算法实现

该算法是先随机选取 k 个对象作为初始的聚类中心，然后计算每个对象与各个聚类中心之间的距离，把每个对象分配给距离它最近的聚类中心。聚类中心及分配给它们的对象就代表一个聚类。一旦全部对象都被分配了，每个聚类的聚类中心会根据聚类中现有的对象重新计算。这个过程将不断重复直到满足某个终止条件为止。终止条件可以是没有（或最小数目）对象重新分配给不同的聚类，没有（或最小数目）聚类中心再发生变化，误差平方和局部最小。*k*-means 算法的代码如下[10]：

```
# -*- coding=utf-8 -*-
# 目的:实现 k-means 算法
# 环境: Python3
import numpy as np
import random
'''装载数据'''
def load():
    data=np.loadtxt('k-means.csv',delimiter=',')
    return data
'''计算距离'''
def calcDis(data,clu,k):
    clalist=[]  #存放计算距离后的 list
    data=data.tolist()  #转化为列表
    clu=clu.tolist()
    for i in range(len(data)):
        clalist.append([])
        for j in range(k):
            dist=round(((data[i][1]-clu[j][0])**2+(data[i][2]-clu
[j][1])**2)*0.05,1)
            clalist[i].append(dist)
    clalist=np.array(clalist)   #转化为数组
    return clalist
'''分组'''
def group(data,clalist,k):
    grouplist=[]              #存放分组后的集群
    claList=clalist.tolist()
    data=data.tolist()
    for i in range(k):
        #确定要分组的个数，以空列表的形式，方便下面进行数据的插入
        grouplist.append([])
    for j in range(len(clalist)):
        sortNum=np.argsort(clalist[j])
        grouplist[sortNum[0]].append(data[j][1:])
    grouplist=np.array(grouplist)
    return grouplist
'''计算中心'''
def calcCen(data,grouplist,k):
    clunew=[]
```

```
        data=data.tolist()
        grouplist=grouplist.tolist()
        templist=[]
        #templist=np.array(templist)
        for i in range(k):
            #计算每个组的新中心
            sumx=0
            sumy=0
            for j in range(len(grouplist[i])):
                sumx+=grouplist[i][j][0]
                sumy+=grouplist[i][j][1]
            clunew.append([round(sumx/len(grouplist[i]),1),round(sumy/
len(grouplist[i]),1)])
        clunew=np.array(clunew)
        #clunew=np.mean(grouplist,axis=1)
        return clunewhttps://www.panda.tv/all?pdt=1.18.pheader-n.1.
6m1s5alv3gr
    '''优化中心'''
    def classify(data,clu,k):
        clalist=calcDis(data,clu,k) #计算样本到中心的距离
        grouplist=group(data,clalist,k) #分组
        for i in range(k):
            #替换空值
            if grouplist[i]==[]:
                grouplist[i]=[4838.9,1926.1]
        clunew=calcCen(data,grouplist,k)
        sse=clunew-clu
        #print "the clu is :%r\nthe group is :%r\nthe clunew
        #is :%r\nthe sse is :%r" %(clu,grouplist,clunew,sse)
        return sse,clunew,data,k
        if __name__=='__main__':
        k=3 #给出要分类的个数的k值
        data=load() #装载数据
        clu=random.sample(data[:,1:].tolist(),k)    #随机取中心
        clu=np.array(clu)
        sse,clunew,data,k=classify(data,clu,k)
        while np.any(sse!=0):
            sse,clunew,data,k=classify(data,clunew,k)
```

```
clunew=np.sort(clunew,axis=0)
print( "the best cluster is %r" %clunew)
```

3. *k*-means 算法运行结果

数据为城乡居民家庭人均收入及恩格尔系数，横轴为城镇居民家庭人均可支配收入和农村居民家庭人均纯收入，纵轴为 1996—2012 年。数据为年度数据，把该数据进行聚类分析，看人民的收入大概经历几个阶段。由于样本数据有限，只有两列，用 *k*-means 算法有很大的准确性。用文本的形式导入数据，结果输出聚类后的中心，这样就能看出人民的收入经历了哪几个阶段。设置 *k*=3 的时候数据是最稳定的。需要注意的是，上面的代码的主函数里的数据结构都是 array，但是在每个小函数里就有可能转化成 list，主要原因是需要用 array 的方法进行计算，而转化为 list 的原因是需要向数组中插入数据，但是 array 无法做到。这里就出现了数据结构混乱的问题，最后将主函数的数据结构都转化成 array，在小函数中输入 array，输出的时候也转化为 array。运行结果如图 7.3 所示。

```
the best cluster is array([[ 6017.2,   2212. ],
                [10786.4,   3308.2],
                [19687.9,   6145.3]])
```

图 7.3　运行结果

4. *k*-means 算法的局限性

该算法仅能处理数字属性，需要预先设定初始中心，而且初始中心的选取对结果有很大的影响，还需要预先知道类的数目，抗干扰性较差，算法扩展性较差，只能得到次优解，在预置操作最坏的情况下可能出现空类（该类中没有样本）。当结果簇密集且各簇之间的区别明显时，采用 *k*-means 算法的效果较好。*k*-means 算法对于数据集中的孤立点很敏感，少量的这类数据将对聚类结果产生较大的影响。为此，本书提出了一种改进的 *k*-means 算法，改进后的 *k*-means 算法能很好地处理数据中存在孤立点的问题。

7.4.5　改进的 *k*-means 算法

1. 改进 *k*-means 算法的思想

用 *k*-means 算法进行数据聚类时，可以看出结果的稳定性还存在很大的问题，有的时候聚类的效果非常好（当数据分布呈凸形或球形时，聚类的效果非常好），而有的时候聚类结果会出现明显的偏差和错误，这种偏差和错误产生的原因在于数据的分散性。聚类的数据不可避免地会出现孤立点，即少量数据远离高密度的数据密集区，但在进行聚类计算时，是将聚类均值点（类中所有数据的几何中心点）作为新的聚类种子进行新一轮聚类计算的。在这种情况下，新的聚类种子将偏离真正的数据密集区，从而导致部分数据本该聚在这一类，而因为孤立点的影响聚到了另一类。这对聚类来说是绝对不允许的。由此可以看出，该算法处理孤立点数据时有很大的局限性。

为此，从每一轮的聚类中心点和孤立点的关系入手分析，而且引入将聚类均值点与聚类种子相分离的思想[9]。在原始 *k*-means 算法中，每一轮直接用类中所有对象的均值点作为该类的聚类种子，而在改进算法中，在进行第 k 轮聚类种子的计算时，采用簇中那些与第 $k-1$ 轮聚类种子相似度较大的数据，计算它们的均值点（几何中心点）作为第 k 轮聚类的种子，相当于把孤立点排除在外，孤立点不参加聚类中心的计算，这样聚类中心就不会因为孤立点的原因而明显偏离数据集中的地方。

这种聚类均值点和聚类种子相分离的思想，最主要的就是做到在计算新一轮的聚类中心的时候，尽量不把对聚类结果有影响的孤立点计算在内。因此在计算聚类中心的时候，要用一定的式子把孤立点排除在用来计算均值点的那些数据之外。可以用的计算方法有很多，除了都可以排除孤立点，它们对聚类过程和结果的影响是不同的，下面利用两种计算方法进行实验。

第一种计算方法具体如下：

（1）对于第 $k-1$ 轮聚类获得的类，计算类中数据与该类聚类种子相似度最小的相似度 simmax 及数据中与该类聚类种子相似度最大的相似度 simmin。

（2）选择类中与聚类种子相似度大于(simmax+simmin)/2 的数据组成每个类的一个子集。

（3）计算子集中数据的均值点，作为第 k 轮聚类的聚类种子。

这样就把聚类均值点和聚类种子分离开来，每一轮参加聚类种子计算的数据都是与前一轮的聚类种子相似度大的数据，如果存在孤立点，因为孤立点不参与聚类种子的计算，这样就有效地避免了孤立点对聚类结果的影响。采用(simmax+simmin)/2 这个式子，当类中有明显的孤立点时，即 simmax 和 simmin 差别较大时较好，但是如果某个类中的数据都比较密集，没有明显的孤立点，即 simmax 和 simmin 的差别并不大，则在每一次计算聚类中心时采用这个式子就会排除很多不是孤立点的数据，聚类中心在从初始值到最终值的移近过程中就会移近得很慢，因此聚类的迭代次数会增加。所以应想一种更理想的计算方法，让它在数据有孤立点的时候排除孤立点，而在数据本身就较集中时让更多的数据参与聚类中心的计算，由此就提出第二种计算方法。

第二种计算方法具体如下：

（1）对于第 $k-1$ 轮聚类获得的类，计算该类中所有数据与该类聚类中心的平均距离 S_2。

（2）选择类中与聚类种子相似度大于 $2\times S_2$ 的数据组成每个类的一个子集。

（3）计算子集中数据的均值点，作为第 k 轮聚类的聚类种子。

采用这种计算方法，当类中有明显的孤立点的时候，平均距离 S_2 会比较大，但它与类中相似度最小的相似度值相比还有很大差距，这样 2 倍的平均距离就基本能包括大部分数据，从而排除孤立点。而当类中数据较集中，没有明显的孤立点时，平均距离 S_2 和类中相似度最小的相似度值之差会比较小，这样 2 倍的平均距离能包括几乎所有的数据，从而在一定程度上解决了采用第一种计算方法带来的由于排除点过多而导致的迭代次数增加等问题，也能获得很好的聚类结果。

2．实验结果

实验采用的数据是二维的数值数据，总共 150 个数据，*k*-means 算法执行结果如图 7.4 所示。

聚类进行了四次迭代，有四个点明显偏离了数据集中的区域，从而导致聚类结果出现了明显的错误，出错的那四个点离第一类的中心较近，而离第二类的中心较远。

采用分离聚类种子和聚类均值的思想，用第一种计算方法改进的 *k*-means 算法进行聚类的结果如图 7.5 所示。

从聚类结果可以看出，改进后的程序将四个数据分到了正确的类中，聚类结果已经完全正确了，但是聚类过程的迭代次数却达到了七次，比原算法增加了三次。这是因为采用(simmax+simmin)/2 这个式子排除孤立点是比较粗糙的，导致虽然分类的结果在第三次迭代后就没改变，但是聚类中心还在不断地改变，迭代还要不断进行下去，因此就增加了聚类过程的迭代次数。不过从图 7.5 中可以看出，聚类中心已经明显地移向了数据集中的区域。聚类的质量和效率都是很重要的，因此应该想出一种办法，既能保证聚类的质量，又能提高聚类的效率。分析第一种改进算法所带来的问题继续改进程序，采用第二种计算方法进行改进的 *k*-means 算法进行聚类的结果如图 7.6 所示。

```
"D:\K均值算法new\K均值算法\源代码\Debug\pop0.exe"
第5分配后，第1类中心6.491045,6.462687
*****已完成第4次迭代******
*****第0类有
(0.400000,2.700000) (0.500000,3.500000) (0.800000,4.000000) (1.000000,2.500000)
(1.000000,3.000000) (1.200000,1.800000) (1.200000,2.500000) (1.200000,3.500000)
(1.400000,2.600000) (1.500000,2.000000) (1.500000,2.800000) (1.500000,3.300000)
(1.500000,4.000000) (1.700000,2.000000) (1.700000,2.500000) (1.700000,3.000000)
(1.700000,3.500000) (1.800000,2.500000) (1.800000,3.000000) (1.800000,4.100000)
(2.000000,1.600000) (2.000000,2.000000) (2.000000,3.000000) (2.000000,3.500000)
(2.000000,4.000000) (2.200000,2.500000) (2.200000,2.800000) (2.200000,3.500000)
(2.200000,3.800000) (2.200000,4.000000) (2.200000,4.200000) (2.400000,1.800000)
(2.400000,2.000000) (2.400000,2.500000) (2.400000,3.000000) (2.400000,4.000000)
(2.500000,1.000000) (2.500000,1.500000) (2.500000,2.000000) (2.500000,2.500000)
(2.500000,3.000000) (2.500000,3.500000) (2.500000,3.800000) (2.600000,2.500000)
(2.600000,3.500000) (2.700000,3.000000) (2.800000,2.500000) (2.800000,2.800000)
(2.800000,3.000000) (2.800000,3.500000) (2.800000,3.800000) (3.000000,2.000000)
(3.000000,3.000000) (3.000000,4.000000) (3.200000,2.000000) (3.200000,2.500000)
(3.200000,2.800000) (3.200000,3.000000) (3.200000,3.500000) (3.300000,1.600000)
(3.300000,2.000000) (3.300000,2.500000) (3.300000,3.000000) (3.500000,2.000000)
(3.500000,2.500000) (3.500000,3.000000) (3.500000,3.500000) (3.700000,1.900000)
(3.700000,2.500000) (3.700000,3.000000) (3.800000,2.000000) (3.800000,3.000000)
(4.000000,2.000000) (4.000000,3.000000) (4.000000,5.000000) (4.200000,2.800000)
(4.200000,3.000000) (4.300000,4.700000) (4.400000,2.500000) (4.400000,4.800000)
(4.500000,2.000000) (4.500000,4.500000) (4.700000,3.300000)
*****第1类有
(4.000000,5.500000) (4.000000,6.000000) (4.000000,6.500000) (4.200000,6.500000)
(4.200000,7.000000) (4.400000,5.500000) (4.400000,6.000000) (4.400000,6.500000)
(4.500000,5.000000) (4.500000,5.500000) (4.500000,6.000000) (4.500000,7.000000)
(4.600000,5.300000) (4.600000,6.200000) (4.900000,5.200000) (5.000000,5.000000)
(5.000000,5.500000) (5.000000,6.000000) (5.000000,6.500000) (5.200000,6.000000)
(5.200000,6.500000) (5.400000,5.700000) (5.400000,6.200000) (5.400000,7.000000)
(5.500000,4.500000) (5.500000,5.500000) (5.500000,6.000000) (5.500000,6.500000)
(5.600000,6.300000) (5.600000,7.000000) (5.700000,6.800000) (6.000000,5.000000)
(6.000000,5.500000) (6.000000,6.000000) (6.000000,6.500000) (6.000000,7.000000)
(6.200000,5.500000) (6.200000,6.300000) (6.400000,5.500000) (6.500000,6.500000)
(6.500000,7.000000) (6.700000,5.000000) (6.700000,5.500000) (6.700000,6.500000)
(6.900000,5.500000) (7.000000,5.000000) (7.000000,6.000000) (7.000000,7.000000)
(7.000000,7.500000) (7.200000,7.500000) (7.500000,5.000000) (7.500000,5.500000)
(7.500000,6.500000) (7.700000,6.000000) (8.000000,5.000000) (8.000000,6.000000)
(8.000000,7.000000) (8.000000,8.000000) (8.500000,9.000000) (9.000000,6.000000)
(9.000000,7.000000) (10.000000,8.000000) (11.000000,11.000000) (12.000000,10.000
000) (12.000000,11.000000) (13.000000,10.000000) (13.000000,9.000000)
E=564.232789
聚类中心不再改变，聚类完成
```

图 7.4　*k*-means 算法执行结果

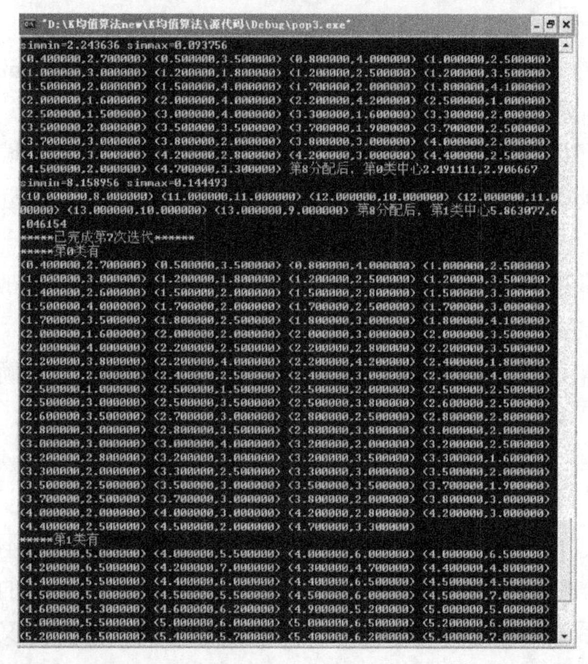

图 7.5　用第一种计算方法改进的 *k*-means 算法进行聚类的结果

图 7.6　采用第二种计算方法进行改进的 *k*-means 算法进行聚类的结果

由图 7.6 可以看出，采用 $2\times S_2$ 这个式子，获得了完全正确的聚类结果，并且迭代次数不但没有增加，而且较原算法还减少了一次。这是因为当类中有孤立点时，类中数据与聚类中心的距离的最大值和类中数据与聚类中心的距离的平均值相差较大，所以用 2 倍平均值范围内的数据来计算新一轮的聚类中心时，它能包括大多数的数据并排除孤立点，让聚类中心不受孤立点的影响。而当类中数据较集中，没有明显的孤立点时，类中数据与聚类中心的距离的最大值和类中数据与聚类中心的距离的平均值相差较小，所以 2 倍平均值范围内的数据几乎就包括了该类中所有的数据。这样就比较好地解决了原始 *k*-means 算法和采用第一种计算方法进行改进的 *k*-means 算法所产生的问题。

7.5 研究现状与发展趋势

作为数据挖掘技术中重要的分类技术，聚类算法已经被应用到数学、计算机学、统计学等众多科技领域，而高校图书馆作为服务于教学和科研的重要部门，也逐步将聚类算法引入高校图书馆管理中，并日渐在数字图书馆、读者细分、学术研究等方面进行了有效的应用[23]。聚类是按照一定标准将数据对象划分为多个类别，并且不同组别之间差异较大、同组事物比较近似的一种分类方法。聚类尽可能扩大各类别之间数据的差别，但尽可能缩小类别内数据的差别，也被称为最小化类间相似性、最大化类内相似性原则[24]。

k-means 算法是应用最广泛的划分方法之一，其实现简单、快速，并且能有效地处理大数据集，但该算法对初始聚类中心和异常数据较为敏感，并且不能用于发现非凸形的簇，因此聚类结果不稳定。为了解决 *k*-means 算法的这些问题，研究人员围绕簇中心的选择与优化提出了新的计算方法，田诗宵等为各样本点引入局部密度指标，根据其局部密度分布情况，选取处于密度峰值的点作为初始中心。邹臣嵩提出了一种基于最大距离积与最小距离之和的协同改进算法，解决了传统 *k*-means 算法聚类结果随机性大、稳定性差，以及最大距离乘积法迭代次数多、运算耗时长等问题。翟东海提出了最大距离法选取初始簇中心的聚类算法，根据簇内距离和最小思想重新设计了迭代过程中的簇中心计算方法。快速中心点算法[26]通过给出新的密度计算方法，选择高密度区域的样本作为初始聚类中心，解决了中心点算法的初始中心随机选择的问题，但是该算法仅考虑了样本的密度特征，并未从整个样本空间的角度考虑中心点的分布关系，虽然初始中心点被其他样本紧密环绕，但有可能存在中心点过于集中而导致聚类中心分散度低、迭代次数增多等问题[27]。

7.6 本章小结

本章对聚类分析进行了阐述，介绍了几种常用方法，并对 *k*-means 算法进行了讨论，在原始 *k*-means 算法基础上，进行了一点改进，分析了改进结果。实验结果表明，改进的算法较为有效地解决了原始 *k*-means 算法对孤立点敏感这个问题，既获得了好的聚类结果，又明显地提高了算法的效率。当然这种改进算法并不是最好的，实验采用的数据还比较少，数据还是最简单的二维数据，这些都可以进一步改进。

参考文献

[1] Jiawei Han, Micheline Kamber. 数据挖掘概念与技术[M]. 范明，孟小峰，译. 北京：机械工业出版社, 2008.

[2] 刘泉凤，陆蓓. 数据挖掘中聚类算法的比较研究[J]. 浙江水利水电专科学校学报, 2005, 17(2): 55-58.

[3] 赵法信，王国业. 数据挖掘中聚类分析算法研究[J]. 通化师范学院学报，2005, 26(2): 11-13.

[4] 尹松，周永权，李陶深. 数据聚类方法的研究与分析[J]. 航空计算技术，2005, 35(1): 63-66.

[5] 刘泉凤，陆蓓，王小华. 文本挖掘中聚类算法的比较研究[J]. 计算机时代, 2005, 6: 7-8.

[6] 姜园，张朝阳，等. 用于数据挖掘的聚类算法[J]. 电子与信息学报, 2005, 27(4): 654-660.

[7] 王丽珍，周丽华，等. 数据仓库与数据挖掘原理及应用[M]. 北京：科学出版社，2005: 195-197.

[8] 张玉芳，毛嘉莉，熊忠阳. 一种改进的 *k*-means 算法[J]. 计算机应用, 2003, 23(8): 31-33.

[9] 万小军，杨建武. 文档聚类中 *k*-means 算法的一种改进算法[J]. 计算机工程, 2003, 29(2): 102-103.

[10] 飞羽喂马. Python 机器学习算法实践——*k* 均值聚类(*k*-means)[EB/OL]. https:// blog.csdn.net/qq_35318838/article/details/54943010.2017-02-09.

[11] 丁学钧，杨克俭，等. 数据挖掘中聚类算法的比较研究[J]. 河北建筑工程学院报，2004, 22(3): 125-127.

[12] Jiawei Han, Micheline Kamber. Data Mining Concepts and Techniques[M]. 北京：机械工业出版社, 2005.

[13] Pang-Ning Tan, Michael Steinbach. Introduction to Data Mining[M]. 北京：人民邮电出版社，2006.

[14] Quinlan J R. C4.5: Programs for Machine Learning[M]. Morgan Kaufman, 1993.

[15] Mehta M, Agrawal R, Rissanen J.SLIQ: A Fast and Scalable Classifier for Data Mining[M]. IBM Almaden Research Center, 1996.

[16] Shafer J C, Agrawal R, Mehta M. SPRINT: A scalable parallel classifier for data nuning[A].

Proo of the 22nd Int Conf on Very Large Databases.

[17] Jiawei Han, Micheline Kamber. Data Mining Concepts and Techniques[M]. 北京: 高等教育出版社, 2001.

[18] 史忠植. 高级人工智能[M]. 北京: 科学出版社, 1998.

[19] Tom M Mitchell. 机器学习[M]. 北京: 机械工业出版社, 2003.

[20] Simon H. 现代决策理论的基石[M]. 北京: 北京经济学院出版社, 1991.

[21] 郑炜民, 黄刚, 等. 数据挖掘工具及选择[J]. 计算机世界, 1999（20）.

[22] 王军. 数据挖掘技术[M]. 北京: 中国科学院计算技术研究所，2000.

[23] 塔程程. 聚类分析方法在高校图书馆中的应用[J]. 吉林化工学院学报, 2019, 136(2).

[24] 张日如. 聚类分析在 Web 日志中的应用[J]. 信息与电脑, 2019(2).

[25] 罗文春. 基于局域网的计算机考试系统研究与实现[J]. 中国管理信息化，2016, 19(3) :183-185.

[26] 叶溪溪, 吴观茂. 在线考试系统分析与设计[J]. 电脑知识与技术, 2016, 12(3): 104-106.

[27] 段桂芹, 刘峰. 改进 K 中心点聚类算法在成绩评价中的应用[J]. 信息技术, 2019(3).

第 8 章

软计算中的算法及其应用

8.1 分类概述

所谓的数据分类就是按照分析对象的属性和特征建立不同组别来描述事物。数据分类通常首先建立一个模型来描述训练集，然后通过分析由属性描述的数据库元组来构造模型。每个元组属于一个预定义的类，由类标号属性确定。用于建立模型的元组集称为训练数据集，其中每个元组称为训练样本。由于给出了类标号属性，因此该步骤又称有指导的学习。如果训练样本的类标号是未知的，则称无指导的学习。学习模型可用分类规则、决策树和数学公式的形式给出。此后便可使用模型对数据进行分类。

分类规则挖掘有着广泛的应用前景。对于分类规则的挖掘通常有贝叶斯方法、决策树方法、人工神经网络方法、粗糙集方法和遗传算法等。但不管采用何种方法，都必须考虑其准确率（模型正确预测新数据类标号的能力）、速度（构造和使用模型花费的时间）、健壮性（有噪声数据或空缺值数据时模型正确分类或预测的能力）、伸缩性（对于给定的大量数据，有效构造模型的能力）、可解释性（学习模型提供的理解和观察的层次）等因素[1-4]。

8.2 决策树

决策树是重要的分类算法，它主要对数据中的结构化信息进行揭示，它是利用树结构将数据分成离散类的方法。决策树起源于 CLS 算法，是一种常用于预测模型的算法。1983 年，J.R.Quinlan 在 CLS 算法的基础上提出了 ID3 算法，这是一种基于信息论并引进了互信息的概念，即用信息增益作为特征判别的度量单位。随后，很多相关学者对 ID3 算法进行了改进，Schlimmer 和 Fisher 设计了 ID4 递增式学习算法，ID5 等算法也相继问世。1993 年，J.R.Quinlan 又在 ID3 算法的基础上提出了 C4.5 算法。该算法克服了 ID3 算法的缺点，用信息增益率来代替信息增益作为属性，同时增加了剪枝、连续属性的离散化、产生规则等功能。不过这两种算法都只基于单个属性的点。1991 年，国内学者提出了基于信道容量的 IBLE 方法，又在 1994 年提出了基于归一化互信息的 IBLE-R 方法，以及著名的 Cart 算法、Chard 算法、SLIQ 算法等。

8.2.1 决策树的概念

从不同的角度可以给出不同的决策树的定义，下面罗列几个定义。

（1）决策树具有用样本的属性作为节点、用属性的取值作为分支的树形结构[5]。

（2）决策树也称判断树。决策树代表着决策集的树形结构[6]。

（3）给定一个数据库 $D=\{t_1,\cdots,t_n\}$，其中 $t_i=\{t_{i1},\cdots,t_{in}\}$，数据库模式包含属性 $\{A_1,A_2,\cdots,A_h\}$，同时给定类别集合 $C=\{C_1,\cdots,C_m\}$。对于数据库 D，决策树须具有下列性质[7]：

- 每个内部节点都标记一个属性 A_i；
- 每个弧被标记一个谓词，这个谓词可应用于相应父节点的属性；
- 每个叶节点都被标记一个类 C_j。

（4）决策树是一棵树，树的根节点是整个数据集合空间，每个分节点是对一个单一变量的测试，该测试将数据集合空间分割成两块或更多块。每个叶节点是属于单一类别的记录。可通过训练集生成决策树，再通过测试集对决策树进行修剪，以此来预测一个新的记录属于哪一类。

（5）从离散数学理论来看，决策树是实例表示为特征向量的分类器。节点测试特征，树边表示特征的每个值，叶节点对应分类。决策树也可以表示任意析取和合取范式，从而表示任意离散函数和离散特征。

从上面的定义可以看出，尽管它们从不同的角度来定义决策树，但本质上它是一棵树，决策树是由决策节点、分支和叶节点组成的。进行决策过程的模型如图 8.1 所示。

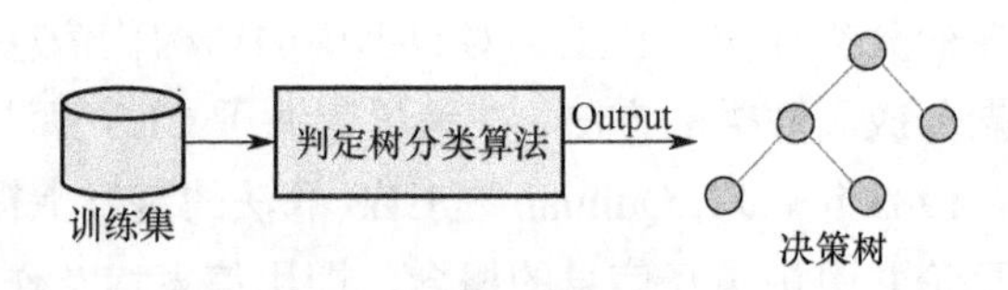

图 8.1　进行决策过程的模型

所谓的模型是对客观事物的一种抽象描述，人们通过模型来理解和处理复杂问题，使问题更加简单。模型的类型不同，模型的表示方式和方法都不一样。决策树是数据挖掘的一个分类模型，可利用该模型来分析历史数据或预测未来的数据，不过决策树模型只对数据挖掘的整个模型的某个侧面进行分类。

8.2.2　决策树的研究方向

随着数据挖掘技术的不断发展，决策树的应用领域越来越广。目前决策树研究方向主要包括以下方面：

- 扩大决策树属性的取值范围及改进分离属性；
- 处理大规模数据集的决策树；
- 扩充决策树，形成决策图；
- 提高决策树的构造效率，削减数据库遍历次数，减少 I/O 操作；
- 优化决策树，简化决策树输出；
- 将遗传算法、神经网络技术及粗糙集理论引入决策树算法；
- 对多个属性进行分类。

8.2.3　决策树分析

决策树有如下优点：

（1）可以生成可理解的规则。数据挖掘产生的模式的可理解度是判别数据挖掘算法的主要指标之一。决策树产生的规则比较容易理解，并且决策树模型的建立过程比较直观。

（2）计算量相对来说比较少，并且容易转化成分类规则。只要沿着树根向下一直走到叶，沿途的分裂条件就能够唯一确定一条分类的谓词。

（3）准确性高。挖掘出的分类规则准确性高，便于理解，决策树可以清晰地显示哪些字段比较重要。

（4）可以处理连续和集合的属性。

（5）决策树的输出包含属性的排序，即生成决策树时，按照最大信息增益选择测试属性，大致地判断属性的重要性。

决策树主要存在以下不足：

（1）对具有连续值的属性预测相当困难，不易于处理连续数据。为了处理大数据集或连续量，各种改进算法（离散化、取样）不仅增加了分类算法的额外开销，而且降低了分类的准确性。

（2）对于顺序相关的数据，需要做很多预处理工作。

（3）当类别太多时，通常会增加误差。

（4）分支间的拆分不够平滑，进行拆分时，不考虑其对将来拆分的影响。

（5）无法处理缺省值。因为决策树在进行分类预测时，完全基于数据的测试属性。这时树中不能产生正确的分支。

（6）通常仅根据单个属性来分类。而现实生活中的分类，很难找到仅与一个属性集有关的。这是一个有待研究的课题。

（7）决策树缺乏伸缩性。由于进行深度优先搜索，所以算法受内存大小限制，难以处理大训练集。如在 Irvine 机器学习知识库中，最大可以允许的数据集仅为 700KB、2000 条记录。而现代的数据仓库动辄存储几个吉比特的海量数据。用以前的方法显然是不行的。

在有噪声的情况下，完全拟合将导致过分拟合，即对训练数据的完全拟合反而不具有很好的预测性能。剪枝是一种克服噪声的技术，同时能使树得到简化而更容易理解。另外，决策树技术也可能产生子树复制和碎片问题。

根据以上决策树存在的问题可知，训练数据中有些属性的描述语言不当、噪声数据的存在，以及构建的决策树中存在结构完全相同的重复子树等，导致决策树规模过大，使得用户难以理解。因此，必须寻找一些技术对决策树进行优化，在不影响分类正确率或有更高的分类正确率的前提下，使优化后的决策树有尽可能小的规模（叶节点较少），并能推导出尽可能短的分类规则。

可以采用如下办法解决决策树的问题：

（1）利用数学和逻辑算子（包含启发式信息）修改测试属性空间。

这类方法是在一些原始属性上，通过数学或逻辑算子构造出新的属性（更复杂），从而使内节点变成多变量的，并在训练集上对这种构造方法的有效性进行测试。这种方法对于解决属性间的交互作用和子树重复问题有良好的效果。

（2）改进测试属性选择方法。

按照信息比值、分类信息估值、划分距离估值等办法对数据进行限制。这类简化方法会删除决策树中多余的实例子集或属性子集。ID3 算法的窗口技术就是一种实例选择的方法，但是窗口技术不能产生明显优化的决策树。

（3）改变数据结构。

将决策树转换成一个有向无环图——决策树，决策图相对决策树有两个优点：一是所有属于相同类的叶节点可以合并；决策图可以解决重复子树的问题。二是简化决策树的方法是将决策树转化为相应的规则，之后对规则进行修剪。规则的修剪使树的剪枝算法提供更高的正确率，因为它相当于在树的剪枝中只剪一个叶节点。

（4）对训练数据中缺失属性值进行处理，避免过学习问题，包括训练数据噪声（分类噪声、属性噪声）处理和训练集合的选取（利用粗糙集理论）。

8.2.4　决策树算法

自 Hunt 提出决策树概念以来，从 CLS（1963 年）到 ACLS（1981 年），从 ID3 算法（1983 年）到 ASSISTANT（1984 年）、C4.5（1993 年）再到 C5.0，原有算法的缺点不断地被克服和改进。

决策树是以样本为基础的归纳学习方法。将决策树转换成分类规则比较容易。决策树的表现形式是类似于流程图的树形结构，在决策树的内部节点进行属性值测试，并根据属性值判断由该节点引出的分支，在决策树的叶节点得到结论。换言之，决策树学习是一种逼近离散值目标函数的方法，这种方法将从一组训练数据中学习到的函数表示为一棵决策树。决策树叶节点为类别名，其他的节点由实体的特征组成，每个特征的不同取值对应一个分支。若要对一个实体分类，则从树根开始进行测试，按照特征的取值向下进入新节点，再对新节点进行测试，一直进行到叶节点。

决策树学习在学习过程中不需要用户了解很多背景知识，只要训练样本能够用属性值的方式表达，就可以使用决策树算法来学习。

1．CLS 算法

CLS 算法最早起源于 Hunt 提出的概念学习系统，是决策树算法的基础。它是利用信息论中的信息增益理论寻找数据集中具有最大信息量的字段来建立初步的决策树的一个节点，然后根据字段的不同取值建立分支，在每一个分支集中重复建树的分支过程。换言之，它是从一棵空的决策树开始，选择某一个属性来测试，且将该属性作为对应决策树的决策节点，根据该属性的值的不同，将训练样本分成相应的子集。如果该子集是空则作为叶节点，否则就作为内部节点继续进行判断划分，直到满足条件为止。

CLS 算法构建的决策树是一棵包括所有可能的树，从一个空决策树开始，逐步增加节点，直到决策树正确分类全部训练样本，算法步骤如下。

（1）产生根节点 T，T 包含所有的训练样本。

（2）如果 T 中的所有样本都是正例，则产生一个标有“Yes”的节点作为 T 的子节点，并结束。

（3）如果 T 中的所有样本都是反例，则产生一个标有“No”的节点作为 T

的子节点，并结束。

（4）选择一个属性 A，根据该属性的不同取值 $v_1,v_2,\cdots,v_n$ 将 T 中的训练集划分为 n 个子集，并根据这 n 个子集建立 T 的 n 个子节点 $T_1,T_2,\cdots,T_n$，分别以 $A=v_i$ 作为从 T 到 T_i 的分支符号。

（5）以每个子节点 T_i 为根建立新的子树。

该算法的缺点：抗干扰性差，噪声数据将使所构建的决策树难以反映数据的内在规律；易受无关属性的干扰；受属性选择顺序的影响。

2. ID3 算法

1983 年，J.R.Quinlan 在 CLS 算法思想基础上提出了 ID3 算法，基本思想就是用信息增益来选择属性作为决策树的节点，这在当时是重要的决策树算法。后来不少学者对其进行了改进，较有影响力的是 ID4 算法、ID5 算法。J.R.Quinlan 于 1993 年对 ID3 算法进行了改进，也就是 C4.5 算法。尽管 ID3 算法有很多缺点，但它对后续的决策树算法研究产生了重要的影响，是经典的决策树算法。

1）互信息的概念

ID3 算法引进了互信息概念，成为典型的示例学习算法。信息论中有个重要的概念就是熵。

熵是用来量化信息的一个概念，是一个针对数据集中的不确定性、突发性或随机性的度量单位。决策树分类的主要目的就是将给定数据集循环划分为若干个子集，而每个子集的分类都是同一类型。Margaret H.Dunham[1]这样定义熵：

给定概率 $p_1,p_2,\cdots,p_s$，其中 $\sum p_i=1$，则熵为

$$\text{Entroy}(S)=-p_{\oplus}\log_2 p_{\oplus}-p_{\otimes}\log_2 p_{\otimes} \tag{8.2.1}$$

例如：$\text{Entroy}([+9,-5])=-(9/15)\log_2(9/14)-(5/14)\log_2(5/14)=0.94$。

熵的值一般都在 0 与 1 之间，当两者概率相等时，达到最大值。自信息 $I(x_i)$ 是指信源（物理系统）某一事件发生时所包含的信息量，物理系统内不同事件发生时，其信息量不同，所以自信息 $I(x_i)$ 是一个随机变量，它不能用来作为整个系统的信息的量度。香农定义自信息的数学期望为信息熵，即信源的平均信息量：

$$H(X)=E[-\log_2 P(x_i)]=-\sum_{i=1}^{N}P(x_i)\log_2 P(x_i) \tag{8.2.2}$$

信息熵表征了信源整体的统计特征，是总体的平均不确定性的量度。对某一特定的信源，其信息熵只有一个，因统计特性不同，其熵也不同。

互信息实际上就是一个增量，即如果输出符号集 V 的范围是一个随机量，

那么得到熵为

$$H(X|V)=\sum P(v_j)\sum P(x_i|v_j)\log_2(1/P(X/v_i)) \tag{8.2.3}$$

那么互信息就是

$$I(X,V)=H(V)-H(X|V) \tag{8.2.4}$$

2）ID3 算法基本思想

ID3 算法是一种贪心算法。基本的 ID3 算法通过自顶向下构造决策树来进行学习。构造过程从“哪一个属性将在树的根节点进行测试”这个问题开始。为了回答这个问题，首先使用信息增益来确定每一个实例属性单独分类训练样例的能力。分类能力最好的属性将被用于树的根节点的测试。然后为根节点属性的每个可能值产生一个分支，并把训练样例排列到该属性值对应的分支之下。然后重复整个过程，用每个分支节点关联的训练样例来选取在该点被测试的最佳属性，直到终止条件得到满足为止。ID3 决策树如图 8.2 所示。

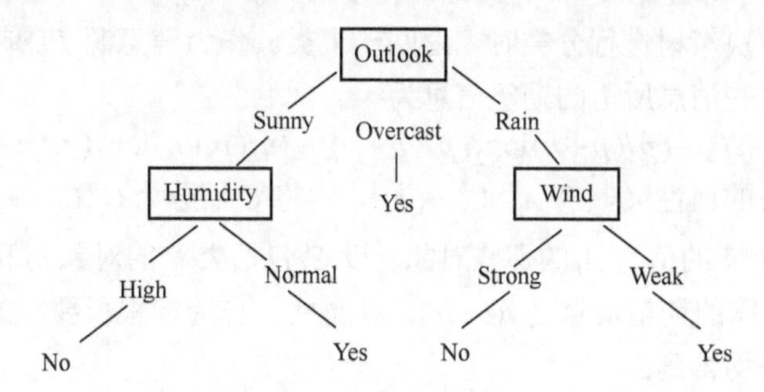

图 8.2　ID3 决策树

我们知道根据气候训练集得出的决策树肯定不止一棵，但 ID3 算法得到的是节点最少的决策树，这正是 ID3 算法的优势所在。

3）ID3 算法的描述

对 ID3 算法可以做如下描述：

（1）从训练集中随机选择一个既含正例又含反例的子集（W）。

（2）用上面的建树算法对当前的 W 形成一棵决策树。

（3）对训练集（except W）中的例子用得到的决策树进行判定，找出错判的例子。

（4）若存在错判的例子，则把它们插入 W，转第 2 步，否则结束。

ID3 算法利用互信息最大的特征建立决策树，使决策树节点最少，识别例子准确率高。在现实世界中，每个实体用多个特征来描述。每个特征限于在一个离散集中取互斥的值。决策树叶节点为类别名，即 P 或 N。主算法每循环一次，得到的决策树将会不一样。

对构建 ID3 决策树可以做如下描述：

（1）对当前例子集合计算各个特征的增益信息，选择增益信息最大的特征；

（2）把取值相同的例子归为同一子集；

（3）对既含正例又含反例的子集，递归调用建树算法；

（4）若子集仅含正例或反例，则对应的分支标注"+"或"–"，返回调用处。

ID3 算法采用信息论方法，减小对象分类的测试期望值。属性选择基于可能性假设，即决策树的复杂性与消息传递的信息量有关。设 C 包括类 P 的对象 p 和类 N 的对象 n。假设：

（1）任何 C 的正确决策树，以 C 中同样的比例将对象分类。任何对象属于类 P 的概率为 $p/(p+n)$，属于类 N 的概率为 $n/(p+n)$。

（2）当用决策树进行分类时，返回一个类。作为消息源 P' 或 N'有关的决策树，产生这些消息所需的期望信息为

$$I(p,n)=-(p/(p+n)\log_2(p/(p+n))-(n/(p+n)\log_2(n/(p+n))) \tag{8.2.5}$$

决策树根的属性 A 具有 $A_1,A_2,\cdots,A_m$，它将 C 划分为 $C_1,C_2,\cdots,C_m$，其中 C_i 包括 C 中属性 A 的值为 A_i 的那些对象。设 C_i 包括类 P 的对象 p_i 和类 N 的对象 n_i。子树 C_i 所需的期望信息是 $I(p_i, n_i)$。以属性 A 作为树根所要求的期望信息可以通过权值平均得到：

$$E(A)=\sum (p_i+n_i)/(p+n)I(p_i,n_i) \tag{8.2.6}$$

其中第 i 个分支的权值与 C 中属于 C_i 的对象成比例。所以 A 分支的信息增益为

$$\text{Gain}\,(A)=I\,(p,n)-E\,(A) \tag{8.2.7}$$

ID3 算法检查所有的候选属性，选择增益最大的属性 A 作为根节点，形成树。然后，对子树 $C_1,C_2,\cdots,C_m$ 以同样方式处理，递归地形成决策树。

4）ID3 算法分析

ID3 算法在选择分类属性时利用了互信息的概念，算法的基础理论清晰，使得算法较简单，是一个很有实用价值的示例学习算法。ID3 算法由例子个数、特征个数、节点个数之积的线性函数计算时间，这就导致了 ID3 算法的局限性：

（1）ID3 算法选择互信息来判断属性，然而互信息的计算却依赖于特征值。

（2）ID3 算法使用互信息选择特征，存在假设：训练集正反例子的比例与实际问题领域中的正反例子的比例相同。

（3）单变元算法，特征性的相关性强调不够。

（4）对数据噪声相当敏感，如特征值取错、类别给错、缺省值的处理。

（5）ID3 决策树会随训练集的增加而逐渐变化。

（6）ID3 算法是非递增学习算法，是单变量决策树，表达复杂概念会很困难。

3. C4.5 算法

1993 年，J.R.Quinlan 提出了 C4.5 算法，其继承了 ID3 算法的优点，并克服了 ID3 算法的缺点，进行了以下几方面的改进：

（1）用信息增益率来选择属性，克服了用信息增益选择属性时偏向选择取值多的属性的不足；

（2）在树构造过程中进行剪枝；

（3）能够完成对连续属性的离散化处理；

（4）能够对不完整数据进行处理。

C4.5 算法与其他分类算法（如统计方法、神经网络等）相比，具有分类规则易于理解、准确率较高的优点。但其缺点也相当明显，即在构造树的过程中，需要对数据集进行多次顺序扫描和排序，导致了算法的低效。此外，C4.5 算法只适用能够驻留于内存的数据集，当训练集大得无法在内存中容纳时程序就无法运行。

1）C4.5 算法基本思想

C4.5 算法的基本思想就是在 ID3 算法的基础上引进信息增益率的概念，然后对构造好的决策树进行剪枝。信息增益率就是 $\text{gain\_ratio}=I(C,V)/H(V)$，即信息熵与互信息的商就是信息增益率。C4.5 算法主要涉及以下概念。

类别的信息熵：

$$H(C)=\text{info}\,(T) \tag{8.2.8}$$

类别条件熵：

$$H\,(C|V)=\text{info}_v\,(T) \tag{8.2.9}$$

信息增益：

$$I(C,V)=H(C)-H(C|V)=\text{info}(T)-\text{info}_v(T)=\text{gain}(V) \tag{8.2.10}$$

属性 V 的信息熵：

$$H\,(V)=\text{split\_info}\,(V) \tag{8.2.11}$$

信息增益率：

$$\text{gain\_ratio}(V)=I(C,V)/H(V)=\text{gain}(V)/\text{split\_info}(V) \tag{8.2.12}$$

如前面所述，ID3 算法的属性选择策略就是选择信息增益最大的属性作为测试属性。但在实际应用中，ID3 算法的信息增益函数存在下列问题，即测试属性的分支越多，信息增益值越大，但输出分支多并不表示该测试属性对未知的对象具有更好的预测效果，因而人们提出用信息增益率作为选择测试属性的依据，信息增益率定义为

$$\text{gainratio}(X_i) = \frac{\text{Gain}(X_i)}{\text{Spliti}(X_i)} \tag{8.2.13}$$

其中：

$$\text{Spliti}(X_i) = -\sum_{j=1}^{k} \frac{p_j}{m} \log_2(\frac{p_j}{m}) \tag{8.2.14}$$

在 C4.5 算法中，默认的测试评估函数就是信息增益率。

2）算法分析

C4.5 算法以信息增益率作为判断属性的度量单位。C4.5 算法作为构造决策树分类器的一种算法，既然是 ID3 算法的扩展，那么就能处理离散型的描述性属性。这种算法比较各个描述性属性的 Gain 值的大小，然后选择 Gain 值最大的属性进行分类。如果存在连续型的描述性属性，那么首先要做的是把这些连续型的描述性属性的值分成不同的区间，即“离散化”。

C4.5 算法的构造过程和 ID3 算法差不多，只是选择的判断属性不一样，其过程如下。

假设 N 为训练集，集合为 $\{C_1, C_2, \cdots, C_k\}$，选择一个属性 V 将 N 分成若干个子集。假设 N 包含互不重合的 n 个取值 $\{v_1, v_2, \cdots, v_n\}$，而 T 被分为 n 个子集 $N_1, N_2, \cdots, N_i$，N_i 中所有实例的取值都是 V_i。

（1）对当前例子集合，根据 ID3 算法计算出各特征的互信息和信息增益率。

（2）选择信息增益率较大的特征作为根。

（3）将具有同一取值的例子归于同一子集，有几个值就应该有几个子集。

（4）对含有正例和反例的子集，递归建树。

（5）若子集仅含正例或反例，那么返回调用处。

（6）根据训练集，构造出决策树，对决策树进行剪枝。

因为训练集存在随机因素及噪声，决策树一般都很复杂。

剪枝实际上就是用叶节点替代一棵或多棵子树，然后选择出现概率最高的类作为该节点的类别，允许用其中的分支来代替子树。这样就可以降低误差率。但应该科学地对误差做一个很好的判断。C4.5 算法剪枝的基本策略有两种：

（1）子树替代法。

（2）子树上升法。这种方法主要用一棵子树中最常用的子树来代替这棵子树。子树从当前位置上升到树中较高的位置。如 C5.0 算法就是 C4.5 算法基于

此思想的改进。

和 ID3 算法有所不同的是，C4.5 算法从决策树中提取规则，即将决策树进行广度优先搜索，对每一个叶节点，求出从根节点到叶节点的路径。这个途径上所有的节点的划分条件并在一起，并且在每个节点生成 IF-THEN 规则，也就是分类规则。决策树是一种数据结构，可以生成相对应的规则集，n 个节点对应 n 条规则。C4.5 算法提取规则主要有两个步骤：

（1）获得简单规则，即从已生成的决策树直接获取规则。

（2）精简规则属性，对第 1 步的规则中一些无关的属性进行处理。

3）C4.5 算法代码

C4.5 算法是一系列用在机器学习和数据挖掘的分类问题中的算法。它的目标是监督学习：给定一个数据集，其中的每一个元组都能用一组属性值来描述，每一个元组属于一个互斥的类别中的某一类。C4.5 算法的目标是通过学习，找到一个从属性值到类别的映射关系，并且这个映射能用于对新的类别未知的实体进行分类。

C4.5 算法由 J.Ross Quinlan 在 ID3 算法的基础上提出。ID3 算法用来构造决策树。决策树具有一种类似流程图的树形结构，每个内部节点（非叶节点）表示在一个属性上的测试，每个分支代表一个测试输出，而每个叶节点存放一个类标号。一旦建立好了决策树，对于一个未给定类标号的元组，跟踪一条由根节点到叶节点的路径，该叶节点就存放着该元组的预测。决策树的优势在于不需要任何领域知识或参数设置，适用探测性的知识发现。算法代码实例如下[7]：

```
# 读取数据的函数
import pandas as pd
import math
import numpy as np
def ReadData(path):
    data_frame = pd.DataFrame(pd.read_csv(path, encoding = 'ANSI'))
    return data_frame
#计算当前样本集合的熵
def Entropy(frame):
    #样本的数量
    num_frame = frame.shape[0]
    #创建一个 value 为全 0 的字典，此处为{0: 0, 1: 0}
    label_dict = dict.fromkeys(label,0)
    #数一下各个类所占的个数
    for i in range(frame.shape[0]):
```

```
        label_dict[frame.ix[i][-1]] += 1
    #初始化熵值
    ENT = 0.0
    for key in label_dict:
        pk = label_dict[key] / num_frame
        if pk == 0:
            ENT -= pk
        else:
            ENT -= pk * math.log(pk,2)
    return ENT
#计算根据属性 a 划分的信息增益
def InfoGain(frame,a):
    gain = 0.0
    #首先要统计属性 a 有哪些取值
    a_attr = list(frame[a].drop_duplicates())
    #接着根据每个可能的值划分样本并计算其熵
    for i in a_attr:
        frame_a_i = frame.ix[frame[a] == i].reset_index(drop = True)
        #分支节点的权重
        weight_i = frame_a_i.shape[0] / frame.shape[0]
        ent_i = Entropy(frame_a_i)
        gain += weight_i * ent_i
    return Entropy(frame) - gain
#计算属性 a 的信息增益率
def GainRate(frame,a):
    IV = 0.0
    a_attr = list(frame[a].drop_duplicates())
    for i in a_attr:
        frame_a_i = frame.ix[frame[a] == i].reset_index(drop = True)
        weight_i = frame_a_i.shape[0] / frame.shape[0]
        if weight_i == 0:
            IV -= weight_i
        else:
            IV -= weight_i * math.log(weight_i,2)
    return InfoGain(frame,a) / IV
#选择最优属性，返回属性
def ChooseBestAttr(frame):
    #属性名的 list
```

```
    attr = list(frame.columns.values[:data.shape[1] - 1])
    #属性的个数
    num_attr = frame.shape[1] - 1
    #初始化各属性的信息增益率的字典
    gain_dict = dict.fromkeys(attr,0)
    sum_gain = 0.0
    for i in attr:
        gain_dict[i] = InfoGain(frame,i)
        sum_gain += InfoGain(frame,i)
    #所有属性的平均信息增益
    aver_gain = sum_gain / num_attr
    #选择信息增益高于平均水平的属性
    gain_big_aver_dict = gain_dict.copy()
    for key,value in gain_dict.items():
        if value <= aver_gain:
            gain_big_aver_dict.pop(key)
    #再选择信息增益率最高的属性
    gain_rate = gain_big_aver_dict.copy()
    for key,value in gain_big_aver_dict.items():
        gain_rate[key] = GainRate(frame,key)
    return {v:k for k,v in gain_rate.items()}[max(gain_rate.values())]
#判断当前的样本集合中的所有样本是否属于一个类别
def SameLable(frame):
    attr_current = list(frame.iloc[:, 1].drop_duplicates())
    #如果是，则返回 True
    if len(attr_current) == 1:
        return True
    #如果不是，则返回 False
    else:
        return False
#判断属性集是否为空
def AttrSetIsNull(attr_list):
    if len(attr_list) == 0:
        return True
    else:
        return False
#判断数据集在属性集上的取值是否相同
def IsSameValue(frame,attrs):
```

```
    if frame.shape[0] == 1:
        return True
    elif list(frame[attrs].values[0]) == list(frame[attrs].values[1]):
        return True
    else:
        return False
#找出数据集中样本数最多的类并返回该类别
def MostSample(frame):
    label_list = list(frame.iloc[:,-1])
    label_current = list(frame.iloc[:,-1].drop_duplicates())
    label_count_dict = dict.fromkeys(label_current,0)
    for i in label_current:
        label_count_dict[i] = label_list.count(i)
    return {v:k for k,v in label_count_dict.items()}[max(label_
count_dict.values())]
#划分样本子集
def SplitData(frame,a_attr,value):
    frame_new = frame[frame[a_attr].isin([value])]
    return frame_new.reset_index(drop = True)
def CraetTree(frame,attrs):
    #标签集合
    label_list = list(frame.iloc[:,-1])
    #如果样本集合全是一个类别，则直接返回该类别
    if SameLable(frame):
        return label_list[0]
    #如果属性集为空，则返回类别次数最多的类
    if len(label_list) == 1 or IsSameValue(frame,attrs):
        return MostSample(frame)
    #找到最优属性
    best_atrr = ChooseBestAttr(frame)
    best_attr_set = set(frame[best_atrr])
    #创建节点
    my_tree = {best_atrr:{}}
    for value in best_attr_set:
        Dv = SplitData(frame,best_atrr,value)
        if Dv is None:
            return MostSample(frame)
        else:
```

```
            left_labels = attrs[:]
            my_tree[best_atrr][value] = CraetTree(Dv,left_labels)
        return my_tree
    #对新来的数据进行决策树分类
    def Desicion(tree,attrs,test_data):
        root_node = list(tree.keys())[0]
        second_node = tree[root_node]
        node_index = attrs.index(root_node)
        for key in second_node.keys():
            if test_data[node_index] == key:
                if type(second_node[key]).__name__ =='dict':
                    label_desicion = Desicion(second_node[key],attrs,
test_data)
                else:
                    label_desicion = second_node[key]
        return label_desicion
    if __name__ == '__main__':
        path = 'book.csv'
        data = ReadData(path)
        #属性的 list
        attr = list(data.columns.values[:data.shape[1] - 1])
        attr_copy = attr.copy()
        #样本的总数
        num_sample = data.shape[0]
        #标签类型，此处为[1,0]
        label = list(data.iloc[:,-1].drop_duplicates())
        print('所生成的树的字典结构如下：',CraetTree(data,attr))
        test_data = np.array(data.drop(data.columns.values[-1],axis
= 1))
        label_desicion_list = []
        for i in test_data:
           label_desicion_list.append(Desicion(CraetTree(data,attr),
attr,list(i)))
        print('分类的结果：',label_desicion_list)
```

代码中引用的数据表如图 8.3 所示。

编号	学科	功能	出版社	装订	出版类型	类型	好书
1	哲学	教材	邮电	平装	期刊	实体书	是
2	语言	教材	邮电	平装	期刊	实体书	是
3	语言	教材	人文	平装	期刊	实体书	是
4	哲学	教材	邮电	平装	期刊	实体书	是
5	教育	教材	人文	平装	期刊	实体书	是
6	哲学	文摘	人文	平装	报纸	电子书	是
7	语言	文摘	人文	精装	报纸	电子书	是
8	语言	文摘	人文	平装	报纸	实体书	是
9	语言	文摘	邮电	精装	报纸	实体书	否
10	哲学	词典	人民	平装	图书	电子书	否
11	教育	词典	人民	线装	图书	实体书	否
12	教育	教材	人文	线装	图书	电子书	否
13	哲学	文摘	人文	精装	期刊	实体书	否
14	教育	文摘	邮电	精装	期刊	实体书	否
15	语言	文摘	人文	平装	图书	电子书	否
16	教育	教材	人文	线装	图书	实体书	否
17	哲学	教材	邮电	精装	报纸	实体书	否

图 8.3　代码中引用的数据表

分类结果如图 8.4 所示。

```
所生成的树的字典结构如下：{'装订'：{'精装'：{'类型'：{'电子书'：'是'，'实体书'：'否'}}，'平装'：{'出版类型'：{'期刊'：'是'，'图书'：
'否'，'报纸'：'是'}}，'线装'：'否'}}
分类的结果：['是'，'是'，'是'，'是'，'是'，'是'，'是'，'是'，'否'，'否'，'否'，'否'，'否'，'否'，'否'，'否'，'否']
```

图 8.4　分类结果

8.3　分类的应用

8.3.1　基于支持向量机的印刷故障分类

故障诊断的关键问题是利用获得的信息对故障进行辨别。对故障进行分类识别的方法有多种。基于解析模型的方法、基于信号处理的方法等由于设备或复杂性方面的原因，在实际应用中受到了很大的限制。智能诊断是目前比较常用的故障分类方法，如人工神经网络，它建立在经验风险最小化的原则基础上，由于其对学习样本的要求高、模型的泛化性能较差等，很容易导致神经网络的过学习。支持向量机（SVM）方法由统计学习理论发展而来，建立在结构风险原则基础上，是兼顾经验风险和置信范围的一种折中思想[8,9]。

1. 支持向量机

支持向量机方法[10,11]是由统计学习理论专门研究实际应用中有限样本情况的机器学习规律发展而来的，它基于结构风险最小化原理。人工神经网络故障诊断模型基于经验风险最小化的原则，因为可以利用的信息是有限的样本，无法计算期望风险，只有样本定义的经验风险 Remp(ω)。这样很容易导致神经网络的过学习。根据统计学习理论，对于两类分类问题，对指示函数集中的所有函数，经验风险 Remp(ω)和实际风险 $R(\omega)$之间以至少 $1-\eta$ 的概率满足以下关系：

$$R(\omega) \leqslant \text{Remp}(\omega) + ((h(\ln(2n/h)+1)-\ln(\eta/4))/n)^{1/2} \tag{8.3.1}$$

式中，$R(\omega)$为实际风险，Remp(ω)为经验风险，h 为函数集的 VC 维，n 为样本数。这一结论从理论上说明了学习机器的实际风险由两部分组成：一部分是经验风险（训练误差），另一部分是置信范围，它和学习机器的 VC 维及训练样本数有关。式（8.3.1）可以简单地表示为

$$R(\omega) \leqslant \text{Remp}(\omega) + \Phi(h/n) \tag{8.3.2}$$

式（8.3.2）表明，在有限训练样本条件下，故障诊断模型的 VC 维越高（复杂性越高），则置信范围越大，导致实际风险与经验风险之间可能的差别越大，这就是出现过学习的原因。建立故障诊断模型的过程不但要使经验风险最小，还要使 VC 维尽量小以缩小置信范围，从而取得较小的实际风险，这种思想称为结构风险最小化。

SVM 方法是从线性可分情况下的最优分类面发展而来的。n 维空间线性判别函数的一般形式为

$$g(x) = (w \cdot x) + b \tag{8.3.3}$$

对于训练集有一个超平面$(w \cdot x) + b = 0$，训练集中所有的向量均能被超平面正确划分，并且距离超平面最近的异类向量之间的距离最大，则该超平面为最优超平面。如图 8.5 所示，圆点和圆圈分别代表两类样本。其中离超平面最近的向量为支持向量。一组支持向量可以唯一地确定一个超平面。将判别函数归一化，使两类样本都满足$|g(x)| \geqslant 1$，即使离分离面最近的样本满足$|g(x)|=1$，这样分类间隔为 $2/\|w\|$，使间隔最大等价于使 $\|w\|$ 最小。

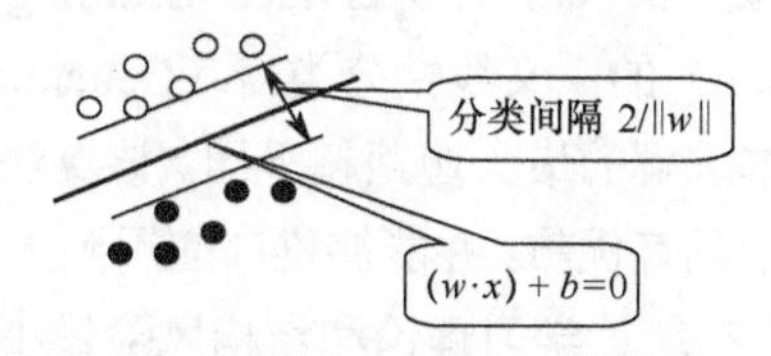

图 8.5　线性二类划分的最优超平面

设 n 个样本 x_i 及其所属类别 y_i 表示为

$$(x_i, y_i), \quad x_i \in R^n, \quad y_i \in \{+1, -1\}, \quad i = 1, \cdots, d$$

要对所有样本进行正确的分类，要求满足在式

$$y_i[(w \cdot x_i) + b] - 1 \geqslant 0, \quad i = 1, \cdots, n \tag{8.3.4}$$

的约束下求

$$\phi(w) = 0.5\|w\|^2 = 0.5(w \cdot w) \tag{8.3.5}$$

的最小值。该问题可转化为其对偶问题，即在

$$\sum_{i=1}^{n} y_i \alpha_i = 0 \tag{8.3.6}$$

和

$$0 \leqslant \alpha_i \leqslant C \text{，} i = 1, 2 \cdots, n \tag{8.3.7}$$

的约束下求

$$Q(\alpha) = \sum_{i=1}^{n} \alpha_i - 0.5 \sum_{i,j=1}^{n} \alpha_i \alpha_i y_i y_j (x_i \cdot x_j) \tag{8.3.8}$$

的最大值。求解出上述各系数 α_i、w、b 对应的最优解 α_i^*、w^*、b^* 后，得到最优分类函数为

$$f(x) = \mathrm{sgn}((w^* \cdot x) + b^*) = \mathrm{sgn}(\sum_{i=1}^{n} \alpha_i^* y_i (x_i \cdot x) + b^*) \tag{8.3.9}$$

在线性不可分的情况下，考虑到可能存在一些样本不能被正确分类，为了保证分类的正确性，引入松弛因子 $\xi_i \geqslant 0\ (i = 1, \cdots, n)$。此时的约束条件式（8.3.4）变为

$$y_i[(w \cdot x_i) + b] - 1 + \xi_i \geqslant 0 \text{，} i = 1, \cdots, n \tag{8.3.10}$$

函数式（8.3.5）变为

$$\phi(w) = 0.5 \| w \|^2 = 0.5(w \cdot w) + C(\sum_{i=1}^{n} \xi_i) \tag{8.3.11}$$

式（8.3.11）中的 C 为某个指定的常数，起到控制对错分样本惩罚程度的作用，实现在错分样本的比例和算法复杂程度之间的“折中”。

2．算法实现

支持向量机是一类按监督学习（Supervised Learning）方式对数据进行二元分类（Binary Classification）的广义线性分类器（Generalized Linear Classifier），其决策边界是对学习样本求解的最大边距超平面。该算法在解决小样本、非线性及高维模式识别等问题中具有优势，并能够推广应用到函数拟合等其他机器学习问题中。支持向量机建立在统计学习理论和结构风险最小原理基础上，根据有限的样本信息在模型的复杂性和学习能力之间寻求最佳解，以期获得最好的推广能力。在机器学习中，支持向量机是监督学习模型，可以分析数据，识别模式，用于分类和回归分析，算法实例如下[17]：

```
# coding=utf-8
# 环境：Python3.6.5
import numpy as np
import matplotlib.pyplot as plt
```

```
X=np.array([[1,3,3],
            [1,4,3],
            [1,1,1]])
Y=np.array([1,1,-1])
W=(np.random.random(3)-0.5)*2
print(W)
lr=0.11
n=0
O=0
def update():
    global X,Y,W,lr,n
    n+=1
    O=np.sign(np.dot(X,W.T))
    W_C=lr*((Y-O.T).dot(X))/int(X.shape[0])
    W=W+W_C
for _ in range(100):
    update()
    print(W)
    print(n)
    O=np.sign(np.dot(X,W.T))
    if(O==Y.T).all():
        print("完成")
        break
x1=[3,4]
y1=[3,3]
x2=[1]
y2=[1]
k=- W[1]/W[2]
d=-W[0]/W[2]
xdata=np.linspace(0,10)
plt.figure()
plt.plot(xdata,xdata*k+d,'r')
plt.plot(x1,y1,'bo')
plt.plot(x2,y2,'yo')
plt.show()
```

3. 运行结果

在每次迭代时，优化算法首先判定约束条件，若该样本不满足约束条件，则优化算法按学习速率最小化结构风险；若该样本满足约束条件，为算法的支持向量，则优化算法根据正则化系数平衡经验风险和结构风险，即优化算法的迭代保持了算法的稀疏性。代码运行结果如图 8.6 所示。

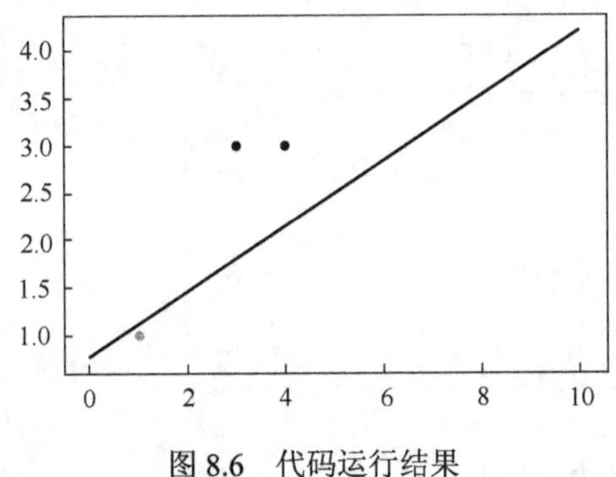

图 8.6　代码运行结果

4．SVM 在印刷故障分类中的应用

在线性可分的情况下进行二值分类，最终的分类判别函数 $f(x)$ 包含待分类样本与训练集样本中的支持向量的内积运算。同样，求解过程也只涉及训练样本之间的内积运算。于是对于非线性可分的情况，可以通过非线性变换将其变换成一个高维特征空间中的线性问题，这个变换要求只进行内积运算。如果变换空间中的内积可以用原空间中的变量直接计算得到，就可以将变换空间的维数增加很多，而在其中求解最优分类面的问题没有增加多少计算复杂度。统计学习理论指出，只要满足 Mercer 条件的函数就可以进行这里的内积运算。

用内积函数 $K(x,y)$ 代替最优超平面中的点积，就相当于将原来的特征空间变换为另一个特征空间。这个新空间是通过内积核函数实现的。常用的核函数如下。

线性函数：

$$K(x,y)=x\cdot y \tag{8.3.12}$$

多项式核函数：

$$K(x,y)=(x\cdot y+1)^d\text{，}d=1,2,\cdots \tag{8.3.13}$$

径向基核函数：

$$K(x,y)=\exp(-\frac{\|x-y\|^2}{\sigma^2})\,K(x,y) \tag{8.3.14}$$

sigmoid 核函数：

$$K(x,y)=\tanh(b(x\cdot y)-c) \tag{8.3.15}$$

前面所讨论的是基本的支持向量机，仅能解决两类分类问题。对于多类问题，有两个解决途径：一个是将基本的两类分类支持向量机（BSVM）扩展为多类分类支持向量机，使支持向量机本身成为解决多类问题的多类分类器；另一个是将多类分类问题转化为两类分类问题，用多个两类分类支持向量机组成多类分类器。

下面采用多个两类分类支持向量机实现印刷故障的分类。用多个两类分类支持向量机组成多类分类支持向量机结构主要有三种方案：一对一（One-Against-One）、一对多（One-Against-Rest）和多级 BSVM。一对一分类器针对 k 类分类问题，为每两个类别训练一个 BSVM，共需要 $k(k-1)/2$ 个 BSVM。一对多分类器为每个类构建一个 BSVM，属于某个类的样本为正样本，不属于该类的为负样本，即将该类样本分离出来。多级 BSVM 分类器把多类分类问题分解为多级的两类分类问题。

印刷故障的因素可以分为纸张、颜料、水、印版、印刷机械等几个大类，每个大类有其内部的二级因素，二级因素可能还包含三级因素，而且，每个大类中的二级或三级因素之间也有相互作用的情况，所以在印刷故障系统中并不是简单的层次关系。所以采用多级 BSVM 分类器实现故障分类，对每一个子类及其所属的大类建立 BSVM 分类器，分类时按照由上到下的级别进行逐层分离，如图 8.7 所示。

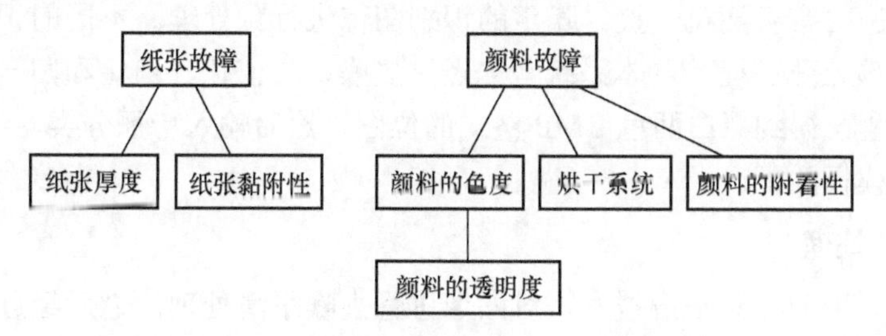

图 8.7　印刷故障的两种多级 BSVM 分类器

对于每个分类器采用以下步骤[12]。

步骤一：对采集的数据进行归一化处理，以消除量纲影响。

步骤二：对于第 p 类故障，调整 y_{p_i}，若故障属于第 p 类，则 $y_{p_i}=1$；否则 $y_{p_i}=-1$。

步骤三：按照前面所讨论的方法，将训练样本映射到高维特征空间，选用径向基核函数，调整惩罚参数 C，获得对应的支持向量和系数为

$$\max(Q(\alpha))=\sum_{i=1}^{n}\alpha_i-0.5\sum_{i,j=1}^{n}\alpha_i\alpha_j y_i y_j(x_i\cdot x_j) \tag{8.3.16}$$

得到第 p 类故障的分类模型为

$$f(x)=\operatorname{sgn}\left(\sum_{i=1}^{n}\alpha_i^* y_i(x_i \cdot x)+b^*\right) \tag{8.3.17}$$

重复步骤三得到所有类的分类模型。

步骤四：利用分类模型，判断故障类型。对于多层次的印刷故障分类模型，如果在同一层出现多个 SVM 的输出结果为 1，则需要调整分类模型的层次并重新训练。

利用支持向量机对印刷故障进行分类的方法，在学习样本较少的情况下可以获得很好的分类效果，为实际应用带来了很大的方便。

8.3.2 票据印刷过程中的数码检测

技术工人经过长期的培训和具有丰富的经验才能对印刷过程中的印刷产品质量进行调整和控制。随着计算机视觉技术的发展，采用图像处理方法进行数字化的自动质量控制成为企业生产的发展趋势，这样可以大大提高质量控制的精确程度，减少由于人为的漏检或误检所造成的损失，而且可以完全实现自动化。下面采用提取数字过线数，用过线数特征值分类器进行分类，再结合模板匹配法进行数码识别，实现对票据印刷过程的数码质量的控制。

首先应对带有随机干扰、噪声的识别图像进行预处理。不同的识别方法要求不同的预处理过程[13]。本系统首先经过去噪、二值化、细化和归一化、定位和分割过程，得到黑白两色 BMP 格式的位图，然后输入特征分类器进行分类，最后进行模板匹配。

1．预处理

系统采用 Unger 平滑技术，对图像进行去噪平滑处理。之后经过阈值化，将图像转换为二值图像，即只包含两个颜色值：0 为黑色，表示该点属于数字；255 为白色，表示此点是背景中的一点。那么，对图像的像素值 $f(x,y)$ 有

$$I(x,y)=\begin{cases}1, & f(x,y)=0\\0, & f(x,y)=255\end{cases} \tag{8.3.18}$$

采用文献[14]中的细化方法，可以满足系统的需要。由于待识别的数字大小不一，所以在识别前需要对样本进行大小归一化。采用基于点密度的方法[15]进行归一化处理，处理后的字统一为 18 号字。

对二值图像进行定位分割，首先定义各列和的向量 P_x 为图像在 x 轴上的投影，即垂直投影；定义各行和的向量 P_y 为图像在 y 轴上的投影，即水平投影。按照式（8.3.18）得到垂直投影 P_x 和水平投影 P_y 分别为

$$P_x = \sum_y I(x,y)$$
$$P_y = \sum_x I(x,y) \tag{8.3.19}$$

采用投影法进行定位和分割的优点是简单快捷。由垂直投影可以得到这行数字的行坐标最小值、最大值和行分割点，由水平投影可以得到该行数字的列坐标最小值、最大值和列分割点。由该行数字的行列坐标最小值、最大值，可以确定这行数字在图像中的大概位置。而行分割点可以确定每个数字的左右边界，列分割点可以确定每个数字的上下边界。

2．特征值的提取

对于数字进行上述预处理后，获取它的特征值。特征值获取的方法非常多[16]。收集样本的两个特征值：垂直 1/2 过线数 Half-Vnum 和垂直 1/4 过线数 Quarter-Vnum。在识别系统中采用效果良好的细化算法进行预处理后，采集过线数非常简便。用两个数组分别记录对图像进行垂直 1/2 和垂直 1/4 扫描的结果。当待识别的数字宽度不是单像素时，计算过线数需要遵循下面的原则：计算扫描线与笔画相交的次数时，无论是水平还是垂直扫描，连续相交的像素点记为一个过线点，即记为一次过线。

按照两个特征值可以将十个数字划分为几个分组。考虑到数字字体的差异，在特征值分类器进行分组划分时，设计各个分组集合为交叉的集合。

如图 8.8 所示，垂直 1/2 过线数 Half-Vnum 为 2 时产生分组{0}，为 3 时产生分组{2, 3, 5, 6, 8, 9}，为其他值时产生分组{1, 4, 7}。

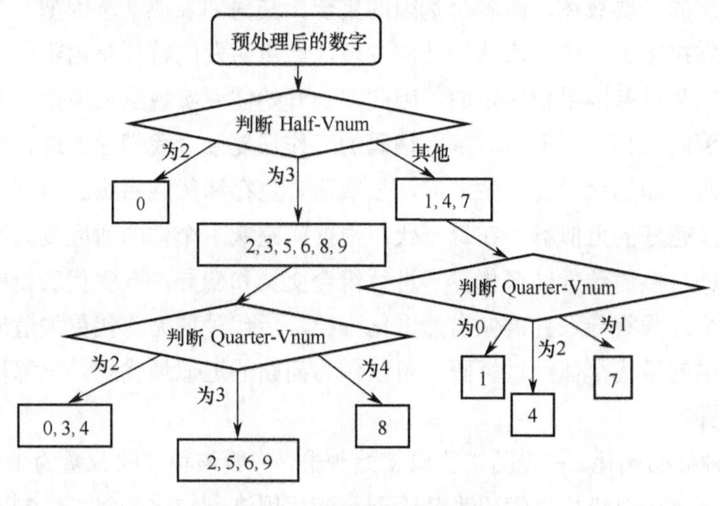

图 8.8　过线数特征分类器

垂直 1/4 过线数 Quarter-Vnum 为 0 时产生分组{1}，为 1 时产生分组{7}，为 2 时产生分组{0, 3, 4}，为 3 时产生分组{2, 5, 6, 9}，为 4 时产生分组{8}。

3．模板匹配

模板匹配识别方法[17,18]是一种常用的方法。本系统采用宋体数字作为模板，对模板同样做预处理。通过过线数特征分类器的筛选，将实验样本进行粗略的分类，然后与对应模板进行匹配识别，从而减少了模板匹配的计算量，大大提高了识别效率。

采用模板匹配识别方法对票据印刷品中的数码进行预处理后，输入过线数特征分类器进行分类识别，相对其他基于特征提取的识别方法，其识别准确率高，同时大大缩短了单纯模板识别的运行时间。在票据印刷过程中对图像进行识别时，该方法是一种有效的识别方法[19]。

8.4 遗传算法

8.4.1 算法实现

遗传算法是模拟达尔文生物进化论的自然选择和遗传学机理的生物进化过程的计算模型，是一种通过模拟自然进化过程搜索最优解的方法。遗传算法是从代表问题可能潜在的解集的一个种群开始的，而一个种群则由经过基因编码的一定数目的个体组成。每个个体实际上是染色体带有特征的实体。染色体作为遗传物质的主要载体，即多个基因的集合，其内部表现（基因型）是某种基因组合，它决定了个体的形状的外部表现，如黑头发的特征是由染色体中控制这一特征的某种基因组合决定的。因此，一开始需要实现从表现型到基因型的映射，即编码工作。由于仿照基因编码的工作很复杂，我们往往进行简化，如二进制编码，即初代种群产生之后，按照适者生存和优胜劣汰的原理，逐代演化产生越来越好的近似解，在每一代，根据问题域中个体的适应度大小选择个体，并借助自然遗传学的遗传算子进行组合交叉和变异，产生代表新的解集的种群。这个过程将导致种群像自然进化一样，后代种群比前代更加适应环境，末代种群中的最优个体经过解码，可以作为问题的近似最优解。该算法主要分为以下步骤。

（1）种群初始化。首先随机生成初始种群，一般该种群的数量为 100～500，采用二进制将一个染色体编码为基因型。随后用进制转化，将二进制的基因型转化成十进制的表现型。

（2）适应度计算，将目标函数值作为个体的适应度。

（3）选择操作，根据种群中个体的适应度高低，将适应度高的个体从当前种群中选出来，即以与适应度成正比的概率来确定各个个体遗传到下一代群体中的数量。

算法实例如下[17]：

```
# 环境：Python3.6.5
# -*-coding:utf-8 -*-
#目标：求解 2*sin(x)+cos(x)最大值
import random
import math
import matplotlib.pyplot as plt
class GA(object):
#初始化种群,生成 chromosome_length 大小的 population_size 个个体的种群
    def
__init__(self,population_size,chromosome_length,max_value,pc,pm):
        self.population_size=population_size
        self.choromosome_length=chromosome_length
        # self.population=[[]]
        self.max_value=max_value
        self.pc=pc
        self.pm=pm
        # self.fitness_value=[]
    def species_origin(self):
        population=[[]]
        for i in range(self.population_size):
            temporary=[]
            #染色体暂存器
            for j in range(self.choromosome_length):
                temporary.append(random.randint(0,1))
            #随机产生一个染色体，由二进制数组成
            population.append(temporary)
            #将染色体添加到种群中
        return population[1:]
        # 将种群返回，种群是一个二维数组，包含个体和染色体两维
        #从二进制到十进制
        #编码 input:种群，染色体长度，编码过程就是将多元函数转化成一元
```

```
            #函数的过程
        def translation(self,population):
            temporary=[]
            for i in range(len(population)):
                total=0
                for j in range(self.choromosome_length):
                    total+=population[i][j]*(math.pow(2,j))
                #从第一个基因开始，每位对 2 求幂，再求和
                # 如：0101 转成十进制为 1 * 20 + 0 * 21 + 1 * 22 + 0 * 23
                #= 1 + 0 + 4 + 0 = 5
                temporary.append(total)
                #一个染色体编码完成，由一个二进制数编码为一个十进制数
            return temporary
                # 返回种群中所有个体编码完成后的十进制数
    #from protein to function,according to its functoin value
    #a protein realize its function according its structure
    # 目标函数相当于环境对染色体进行筛选，这里是 2*sin(x)+math.cos(x)
        def function(self,population):
            temporary=[]
            function1=[]
            temporary=self.translation(population)
            for i in range(len(temporary)):
                x=temporary[i]*self.max_value/(math.pow(2,self.
choromosome_length)-10)
                function1.append(2*math.sin(x)+math.cos(x))
              #这里将 sin(x)作为目标函数
            return function1
              #定义适应度
        def fitness(self,function1):
            fitness_value=[]
            num=len(function1)
            for i in range(num):
                if(function1[i]>0):
                    temporary=function1[i]
                else:
                    temporary=0.0
            # 如果适应度小于 0，则定义为 0
                fitness_value.append(temporary)
```

```
        #将适应度添加到列表中
         return fitness_value
        #计算适应度和
    def sum(self,fitness_value):
        total=0
         for i in range(len(fitness_value)):
            total+=fitness_value[i]
        return total
#计算适应度列表
    def cumsum(self,fitness1):
        for i in range(len(fitness1)-2,-1,-1):
        # range(start,stop,[step])
        # 倒计数
            total=0
            j=0
             while(j<=i):
                 total+=fitness1[j]
                 j+=1
             fitness1[i]=total
            fitness1[len(fitness1)-1]=1
#选择种群中个体适应度最高的个体
    def selection(self,population,fitness_value):
        new_fitness=[]
    #单个公式暂存器
        total_fitness=self.sum(fitness_value)
    #将所有的适应度求和
        for i in range(len(fitness_value)):
            new_fitness.append(fitness_value[i]/total_fitness)
    #将所有个体的适应度正则化
        self.cumsum(new_fitness)
    #ms=[]
    #存活的种群
        population_length=pop_len=len(population)
    #求出种群长度
    #根据随机数确定哪几个能存活
         for i in range(pop_len):
            ms.append(random.random())
    # 产生种群个数的随机值
```

```
        # ms.sort()
        # 存活的种群排序
            fitin=0
            newin=0
            new_population=new_pop=population
         #轮盘赌方式
            while newin<pop_len:
                  if(ms[newin]<new_fitness[fitin]):
                     new_pop[newin]=population[fitin]
                     newin+=1
                  else:
                     fitin+=1
            population=new_pop
     #交叉操作
        def crossover(self,population):
    #pc 是概率阈值，选择单点交叉还是多点交叉，生成新的交叉个体
            pop_len=len(population)
             for i in range(pop_len-1):
                 if(random.random()<self.pc):
                    cpoint=random.randint(0,len(population[0]))
                #在种群个数内随机生成单点交叉点
                   temporary1=[]
                   temporary2=[]
                    temporary1.extend(population[i][0:cpoint])
                   temporary1.extend(population[i+1][cpoint:len
(population[i])])
                #将temporary1作为暂存器,暂时存放第i个染色体中的前0到cpoint
                #个基因
                #然后把第 i+1 个染色体中的后 cpoint 到第 i 个染色体中的基因个
                #数补充到 temporary2 后面
                    temporary2.extend(population[i+1][0:cpoint])
                   temporary2.extend(population[i][cpoint:len
(population[i])])
            # 将 temporary2 作为暂存器，暂时存放第 i+1 个染色体中的前 0 到 cpoint
            # 个基因
            # 然后把第 i 个染色体中的后 cpoint 到第 i 个染色体中的基因个数补充
            #到 temporary2 后面
                   population[i]=temporary1
```

```
                population[i+1]=temporary2
            # 第 i 个染色体和第 i+1 个染色体基因重组/交叉完成
        def mutation(self,population):
            px=len(population)
        # 求出种群中所有种群/个体的个数
            py=len(population[0])
        # 染色体/个体基因的个数
            for i in range(px):
                if(random.random()<self.pm):
                    mpoint=random.randint(0,py-1)
                #if(population[i][mpoint]==1):
                    #将 mpoint 个基因进行单点随机变异，变为 0 或 1
                        population[i][mpoint]=0
                    else:
                        population[i][mpoint]=1
    #transform the binary to decimalism
    # 将每一个染色体都转化成十进制数 max_value，再筛去过大的值
        def b2d(self,best_individual):
            total=0
            b=len(best_individual)
            for i in range(b):
                total=total+best_individual[i]*math.pow(2,i)
            total=total*self.max_value/(math.pow(2,self.choromosome_
length)-1)
            return total
        #寻找最好的适应度和个体
        def best(self,population,fitness_value):
            px=len(population)
            bestindividual=[]
            bestfitness=fitness_value[0]
            # print(fitness_value)
            for i in range(1,px):
        # 循环找出最大的适应度，适应度最大的也就是最好的个体
                if(fitness_value[i]>bestfitness):
                    bestfitness=fitness_value[i]
                    bestindividual=population[i]
            return [bestindividual,bestfitness]
        def plot(self, results):
```

```
        X = []
        Y = []
         for i in range(500):
            X.append(i)
            Y.append(results[i][0])
         plt.plot(X, Y)
        plt.show()
    def main(self):
         results = [[]]
        fitness_value = []
        fitmean = []
         population = pop = self.species_origin()
         for i in range(500):
            function_value = self.function(population)
            # print('fit funtion_value:',function_value)
            fitness_value = self.fitness(function_value)
            # print('fitness_value:',fitness_value)
             best_individual, best_fitness = self.best(population,
fitness_value)
            results.append([best_fitness,
self.b2d(best_individual)])
        # 将最好的个体和最好的适应度保存，并将最好的个体转成十进制数
            self.selection(population,fitness_value)
            self.crossover(population)
            self.mutation(population)
        results = results[1:]
        results.sort()
        self.plot(results)
```

8.4.2 算法运行

个体适应度与其对应的个体表现型 x 的目标函数值相关联，x 越接近目标函数的最优点，其适应度越高，从而其存活的概率越大。反之，适应度越低，存活概率越小。这就引出一个问题——适应度函数的选择。在本例中，函数值总取非负值，以函数最大值为优化目标，故直接将目标函数作为适应度函数。如果优化多元函数，需要将个体中基因型的每个变量提取出来，分别代入目标函数。在本算法中，虽然染色体长度为 10，但是实际上只有一个变量。代码运行结果如图 8.9 所示。

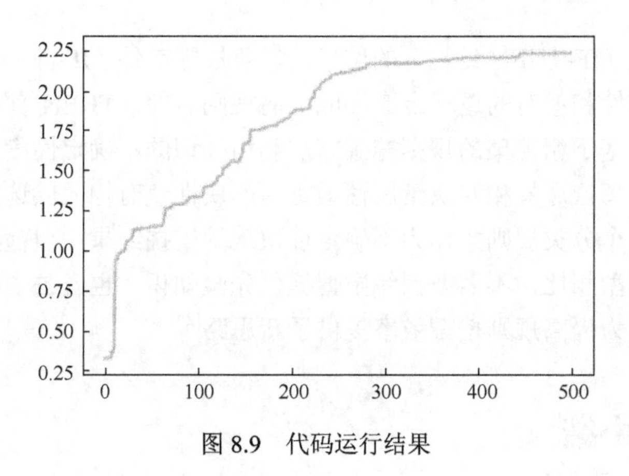

图 8.9　代码运行结果

8.5　研究现状与发展趋势

软计算中的算法在分类（Classification）技术中是尤为重要的[20]，而且在实际生活中也有很广泛的应用，如网络入侵检测、垃圾邮件过滤等。分类任务就是在包含实例和实例所属类标签的初始训练集里，通过对数据集中的实例进行学习得到一个目标函数 f，用这个函数 f 来预测下一个未知实例的类标[21]。

随着文本分类技术的不断成熟，逐渐有学者将文本分类技术引入论文分类标引中。如文献[22]提出了在机器学习的计算模式下，对不同著录项进行加权构造论文特征向量，并且针对《中国图书馆分类法》（以下简称《中图法》）的特点，采用浅层次分类法构建层次分类器，从而有效实现期刊论文的《中图法》分类：文献[23]采用基于支持向量机学习模型，采取基于低密度多特征的训练方法，对医学期刊 R7 中的 9 个小类进行了自动分类研究，取得了相对满意的分类结果。这些期刊论文中的自动分类方法能够有效地解决传统人工分类中存在的问题，但是实现起来有一定难度，并且以上研究都是针对期刊论文的单标签分类标引的。

在知识发现中，分类方法是最重要的一种方法，它通常有两种形式：基于符号的方法和基于连接的方法。基于连接的方法以神经网络为代表，其分类模型蕴含在本体结构中，不易理解，虽然神经网络具有分类精度高和健壮性强的优点，但是存在训练时间长、网络结构复杂、网络结构不确定等问题，特别是其知识解释性能差。基于符号的方法得到的分类知识以分类规则的形式出现，此类方法包括决策树、粗糙集理论等。决策树分类算法通过对训练集的学习，获取一个树模型，最终可以通过从树模型的根节点出发到所有叶节点的路径生成表示规则集（IF-THEN 结构）的结果，每条规则前件（IF 部分）按照所在遍历路径中的属性和值对的逻辑合取形成，而规则后件（THEN 部分）就是叶节点的类标记。基于粗糙集的规则挖掘方法利用知识的不确定性度量各属性值对的重要程度，每次选择相对决策属性最重要的属性值对构成候选规则，通过迭代过程形成一个分类规则集作为不确定性决策的挖掘结果。粗糙集规则提取方法与决策树模型相比，不需要训练数据提供先验知识，也省去了构建树模型这一中间步骤，为提高规则挖掘效率提供了新思路[24]。

8.6 本章小结

本章对软计算中的算法进行了阐述，介绍了几种常用方法，并对决策树、遗传算法、支持向量机进行了讨论；在原始算法基础上，进行了一些改进，分析了改进结果。实验结果表明，这种改进较为有效地解决了原算法存在的问题，既获得了好的分类结果，又明显地提高了算法的效率。当然，这种改进方法并不是最好的，实验采用的数据还比较少，这些都可以进一步改进。

参考文献

[1] Margaret H Dunham. 数据挖掘教程[M]. 郭崇慧，田凤占，斯晓明，等译. 北京：清华大学出版社, 2005.

[2] Mehmed Kantardzic. 数据挖掘——概念、模型、方法和算法[M]. 闪四清，陈茵，程雁，等译. 北京：清华大学出版社, 2003.

[3] 数据挖掘研究院[EB/OL]. www.dmresearch.net.

[4] 数据挖掘讨论组[EB/OL]. www.dmgroup.org.cn.

[5] 陈文伟，黄金才. 数据仓库与数据挖掘[M]. 北京：人民邮电出版社, 2004.

[6] 张云涛，龚玲. 数据挖掘原理与技术[M]. 北京：电子工业出版社, 2004.

[7] 不死鱼摆摆. Python不调用机器学习库实现C4.5[EB/OL]. https://blog.csdn.net/GrayTerry/article/details/77935056, 2017-09-11.

[8] Wang Hua-zhong, Zhang Xie-shen, Yu Jin-shou. Fault diagnosis based on support vector machine[J]. Journal of East China University of Science and Technology，2004.

[9] QI hengnian. Support vector machine and application research overview[J]. Computer Engineering, 2004.

[10] Wu jing, Zhou jiangguo,Yan puliu. Research on appliction of support vector machines in network fault diagnosis[J]. Computer Engineering, 2004.

[11] 张辉, 张浩, 陆建锋. SVM 在数据挖掘中的应用[J]. 计算机工程, 2004.

[12] Li Yeli, Qi Yali. Research on Classificaion of Printing Fault Using Support Vector Machines[J]. Proceedings of The 2006 Internatonal Conference on Data Mining(DMIN'06), June 26-29, 2006, 376-379.

[13] 柳回春, 马树元, 吴平东, 等. 手写体数字识别技术的研究[J]. 计算机工程, 2003, 29(4): 24-25.

[14] 吴谨, 邱亚. 基于空间分布特征的手写体数字识别[J]. 武汉科技大学学报, 2004, 27(2): 176-178.

[15] 王庆, 赵荣椿. 手写体汉字的规范化处理及评价[J]. 数据采集与处理, 2001, 3(6): 227-232.

[16] 高彦宇, 杨扬. 脱机手写汉字识别研究综述[J]. 计算机工程与应用, 2004, 7(4): 74-77.

[17] Tang Y Y, Yang L H, Liu J, et al. Wavelet Theory and its Application to Pattern Recognition[M]. World Scientific Singapore, London, 2000: 229-266.

[18] Govidan VK. Character Recognition–A review[J]. Patter Recognition, 1990, 23(7): 671-683.

[19] 李业丽, 齐亚莉, 陆利坤. 票据印刷过程中的数码检测[J]. 印刷杂志, 2005, 237:14-15.

[20] 毛国君, 胡殿军, 谢松燕. 基于分布式数据流的大数据分类模型和算法[J]. 计算机学报, 2017 (1): 161-175.

[21] 许冠英, 韩萌. 数据流集成分类算法综述[J]. 计算机应用研究, 2019, 37(1).

[22] 王昊, 叶鹏, 邓三鸿. 机器学习在中文期刊论文自动分类研究中的应用[J]. 现代图书情报技术, 2014(3): 80-87.

[23] 马芳, 黄翠玉. 中文科技期刊论文多标签分类研究[J]. 图书情报导刊, 2019, 4(2).

[24] 李抒音, 刘洋. 混合数据权重模糊粗糙集的分类规则挖掘方法[J]. 计算机工程, 2019.

[12] [illegible] Research [illegible] Support Vector Machines [illegible]
[illegible] Computer Engineering [illegible]
[13] [illegible] SVM [illegible]
[14] [illegible] Support Vector [illegible]
[illegible]
[15] [illegible]
[16] [illegible]
[17] [illegible]
[18] [illegible]
[19] [illegible] Wavelet Theory [illegible] Pattern [illegible]
[illegible]
[20] [illegible] Pattern Recognition [illegible]
[21] [illegible]
[22] [illegible]
[23] [illegible]
[24] [illegible]
[25] [illegible]
[26] [illegible]